A Sai Suneel
CH Padmavathi
P Manjulamma

Deteção de diagnóstico de rim crónico utilizando o algoritmo RNN

A Sai Suneel
CH Padmavathi
P Manjulamma

Deteção de diagnóstico de rim crónico utilizando o algoritmo RNN

ScienciaScripts

Imprint

Any brand names and product names mentioned in this book are subject to trademark, brand or patent protection and are trademarks or registered trademarks of their respective holders. The use of brand names, product names, common names, trade names, product descriptions etc. even without a particular marking in this work is in no way to be construed to mean that such names may be regarded as unrestricted in respect of trademark and brand protection legislation and could thus be used by anyone.

Cover image: www.ingimage.com

This book is a translation from the original published under ISBN 978-620-7-80680-5.

Publisher:
Sciencia Scripts
is a trademark of
Dodo Books Indian Ocean Ltd. and OmniScriptum S.R.L publishing group

120 High Road, East Finchley, London, N2 9ED, United Kingdom
Str. Armeneasca 28/1, office 1, Chisinau MD-2012, Republic of Moldova, Europe
Printed at: see last page
ISBN: 978-620-7-79509-3

Índice

CAPÍTULO 1 : INTRODUÇÃO

1.1Introdução do tema

O rim é um órgão essencial do corpo humano. As principais funções dos rins são a excreção e a osmorregulação. Todas as partículas indesejadas do corpo humano são recolhidas e eliminadas com a ajuda do sistema excretor e dos rins. No nosso país, todos os anos, cerca de 1 milhão de pessoas sofrem de DRC. A DRC é um tipo de doença que ocorre quando a função renal do doente enfraquece. As doenças renais afectam a qualidade de vida das pessoas. O número de pessoas afectadas aumenta de dia para dia. Este tipo de doença fatal aumenta as despesas médicas. O mau funcionamento dos rins leva à sua degradação permanente. Se a doença renal crónica não for identificada numa fase inicial, podem surgir sinais de danos nos nervos, anemia, ossos frágeis, etc. Por vezes, os sintomas da doença renal são imprevisíveis. Por este motivo, é importante fazer uma previsão precoce.

O processamento de imagens é uma técnica que consiste em efetuar processos sobre uma imagem para a melhorar ou para obter informações úteis a partir dela.

É um tipo de processamento de sinais em que a entrada é uma imagem e a saída é um sinal, que pode ser uma imagem ou uma caraterística relacionada com a imagem. As principais aplicações são a transferência do contraste, do brilho, da resolução e do nível de ruído de uma imagem. O contorno, a nitidez da imagem, o relevo azulado e a deteção de bordos são funções populares do processamento de imagens. Existem cinco tipos principais de processamento de imagens: visualização, reconhecimento, nitidez e recuperação de padrões, recuperação.

A aprendizagem profunda pode ser capaz de fornecer um conjunto mais vasto de métodos analíticos alternativos mais flexíveis e melhor adaptados às fontes de dados modernas. É fundamental que os organismos de estatística investiguem a utilização de técnicas de aprendizagem profunda para ver se essas abordagens podem satisfazer melhor as suas necessidades futuras do que as tradicionais.

1.2 Introdução do domínio

Aprendizagem profunda

A Aprendizagem Profunda é descrita no contexto estatístico como uma aplicação de inteligência artificial em que a informação acessível é empregue através de algoritmos para processar ou ajudar no processamento de dados estatísticos. A aprendizagem profunda, embora envolva princípios de automatização, requer orientação humana. A Aprendizagem Profunda requer uma grande quantidade de generalização para produzir um sistema que funcione bem em exemplos de dados previamente desconhecidos.

A aprendizagem profunda é um domínio de estudo relativamente recente no âmbito das ciências informáticas que oferece uma variedade de técnicas de análise de dados. Algumas destas técnicas (por exemplo, a regressão logística e a análise de componentes principais) baseiam-se em métodos estatísticos bem estabelecidos, enquanto muitas outras não o são.

A maioria das abordagens estatísticas segue o conceito de seleção de um modelo probabilístico específico de uma classe de modelos relacionados que melhor representa os dados observados. Da mesma forma, a maioria das abordagens de aprendizagem profunda destina-se a identificar modelos que melhor correspondem aos dados (ou seja, resolvem problemas de otimização específicos), com a exceção de que estes modelos de aprendizagem profunda já não estão limitados a modelos probabilísticos.

Como resultado, uma vantagem da Aprendizagem Profunda sobre as abordagens estatísticas é que estas últimas requerem modelos probabilísticos subjacentes, enquanto as primeiras não. Embora algumas abordagens de Aprendizagem Profunda incluam modelos probabilísticos, as técnicas estatísticas tradicionais são frequentemente demasiado rigorosas para a futura era dos Grandes Dados, uma vez que as fontes de dados se tornam mais complicadas e multifacetadas. Pode ser extremamente difícil, se não impossível, prescrever modelos probabilísticos que liguem variáveis de diferentes fontes de dados que sejam credíveis e passíveis de análise estatística.

A aprendizagem profunda pode ser capaz de fornecer um conjunto mais vasto de métodos analíticos alternativos mais flexíveis e melhor adaptados às fontes de dados actuais. É fundamental que os organismos de estatística investiguem a utilização de técnicas de aprendizagem profunda para ver se essas abordagens podem satisfazer melhor as suas futuras exigências do que as tradicionais.

1.3 CLASSES DE APRENDIZAGEM PROFUNDA

Existem duas classes principais de técnicas de aprendizagem profunda:

1. Aprendizagem profunda supervisionada e aprendizagem profunda não supervisionada

A aprendizagem profunda supervisionada é um tipo de aprendizagem profunda que utiliza dados rotulados para treinar um modelo. Este tipo de aprendizagem é frequentemente utilizado para tarefas de classificação, em que o objetivo é prever a categoria de uma determinada entrada. Por exemplo, um modelo de aprendizagem profunda supervisionado pode ser utilizado para prever se um tumor é benigno ou maligno, ou se um cliente é suscetível de se agitar.

A regressão logística é um modelo estatístico que pode ser utilizado para a aprendizagem supervisionada. Na regressão logística, o objetivo é prever a probabilidade de um resultado binário, como, por exemplo, se um cliente irá clicar num anúncio ou não. O modelo é treinado num conjunto de dados rotulados, em que cada ponto de dados tem um resultado binário e um conjunto de características. O modelo aprende então a prever a probabilidade do resultado com base nas características.

As máquinas de vectores de suporte (SVMs) são outro tipo de modelo de aprendizagem profunda supervisionado. Os SVMs são usados para tarefas de classificação e funcionam encontrando o hiperplano que melhor separa as duas classes de dados. O modelo é treinado num conjunto de dados rotulados e aprende a prever a classe de um novo ponto de dados, encontrando o lado do hiperplano em que o ponto de dados se insere.

A principal diferença entre a regressão logística e as SVM é que a regressão logística prevê a probabilidade de um resultado binário, enquanto as SVM prevêem a classe de um ponto de dados. A regressão logística é também um modelo paramétrico, enquanto as SVMs são um modelo não paramétrico. Isto significa que a regressão logística faz suposições sobre a distribuição dos dados, enquanto as SVMs não o fazem.

A regressão logística e as máquinas de vectores de suporte (SVMs) são ambas técnicas de aprendizagem supervisionada que podem ser utilizadas para classificar dados. No entanto, têm abordagens diferentes para encontrar o melhor modelo.

A regressão logística é um modelo estatístico que prevê a probabilidade de um resultado binário. O modelo é treinado num conjunto de dados rotulados e aprende a prever a probabilidade do resultado com base nas características.

Os SVMs são um modelo não paramétrico que encontra o hiperplano que melhor separa as duas classes de dados. O modelo é treinado num conjunto de dados rotulados e aprende a prever a classe de um novo ponto de dados encontrando o lado do hiperplano em que o ponto de dados se insere.

A principal diferença entre a regressão logística e as SVM é que a regressão logística prevê a probabilidade de um resultado binário, enquanto as SVM prevêem a classe de um ponto de dados. A regressão logística é também um modelo paramétrico, enquanto as SVMs são um modelo não paramétrico. Isto significa que a regressão logística faz suposições sobre a distribuição dos dados, enquanto as SVMs não o fazem.

Em termos do problema de otimização, a regressão logística optimiza a probabilidade dos dados, enquanto as SVMs optimizam a margem entre as duas classes de dados. A probabilidade dos dados é uma medida de quão bem o modelo se ajusta aos dados, enquanto a margem é uma medida de quão bem o modelo separa as duas classes de dados.

A regressão logística é uma abordagem estatística mais tradicional da classificação, enquanto as SVM são uma abordagem mais recente da aprendizagem automática. Ambas as abordagens têm as suas vantagens e desvantagens. A regressão logística é normalmente mais fácil de interpretar, enquanto as SVMs podem ser mais exactas.

A aprendizagem não supervisionada é um tipo de aprendizagem automática que não requer dados rotulados. Este tipo de aprendizagem é frequentemente utilizado para tarefas como o agrupamento e a redução da dimensionalidade.

A análise de componentes principais (PCA) é uma técnica estatística que pode ser utilizada para a redução da dimensionalidade. A PCA funciona encontrando as direcções nos dados que têm a maior variância. Estas direcções são designadas por componentes principais e podem ser utilizadas para representar os dados num espaço de dimensão inferior.

A análise de clusters é uma técnica não estatística que pode ser utilizada para efetuar agrupamentos. A análise de clusters funciona encontrando grupos de pontos de dados que são semelhantes entre si. Estes grupos são designados por clusters e podem ser utilizados para identificar diferentes grupos de objectos nos dados.

A análise de associação é outra técnica não estatística que pode ser utilizada para a aprendizagem não supervisionada. A análise de associação funciona encontrando padrões de coocorrência nos dados. Estes padrões podem ser utilizados para identificar artigos que são frequentemente comprados em conjunto ou para identificar clientes com interesses semelhantes.

1.4 Arquitetura de redes neurais e de aprendizagem profunda:

As redes neuronais artificiais são concebidas para imitar a estrutura e o funcionamento do sistema nervoso biológico humano. O Perceptron, uma das primeiras redes neuronais, foi inspirado na organização do cérebro humano e podia classificar eficazmente padrões linearmente separáveis. No entanto, à medida que surgiu a necessidade de lidar com padrões mais complexos, as redes neuronais evoluíram para uma arquitetura em camadas, constituída por uma camada de entrada, uma camada de saída e uma ou mais camadas ocultas. Estas redes são constituídas por neurónios interligados que recebem dados de entrada, processam-nos e passam os resultados para a camada seguinte. A Figura 1 apresenta uma visualização da arquitetura típica de uma rede neuronal.

Nesta rede, cada neurónio recebe entradas, soma-as, aplica uma função de ativação à soma e produz uma saída que pode ser enviada para a camada seguinte. Ao incorporar várias camadas ocultas, as redes neuronais ganham a capacidade de lidar com padrões complexos, capturando relações não lineares. Essas redes são chamadas de redes neurais profundas (DNNs).

A aprendizagem profunda proporciona uma forma mais económica de treinar DNNs, que anteriormente eram lentas na aprendizagem dos pesos. As camadas adicionais nas DNNs permitem a composição de características das camadas inferiores para a camada superior, facilitando a modelação eficaz de dados complexos. A construção de uma rede neural profunda envolve o empilhamento hierárquico de várias camadas de neurónios, criando uma representação hierárquica de características. Quando treinada com sucesso com uma base de dados de conhecimento suficientemente grande, uma rede profunda pode memorizar todos os mapeamentos possíveis e fazer previsões inteligentes, mesmo para casos que não tenha visto antes, incluindo interpolações e extrapolações. Esta notável capacidade da aprendizagem profunda tem impulsionado progressos significativos na visão computacional e na imagiologia médica. Além disso, provocou efeitos transformadores em vários outros domínios, como a análise de texto, o reconhecimento de voz, entre outros.

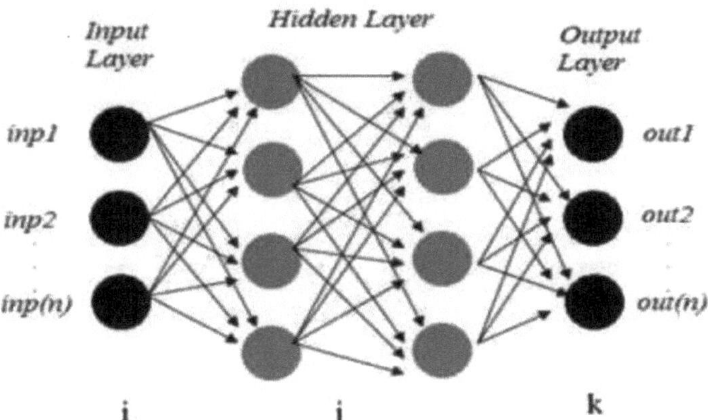

Figura 1.1: A arquitetura geral de uma rede neural.

Objetivo do problema

Os principais objectivos do problema na previsão da DRC são os seguintes

1. Menor precisão na previsão da deteção da DRC.

2. Não pode ser implementado em todos os conjuntos de dados.

3. O consumo de tempo é elevado.

4. A maioria dos modelos de previsão são modelos complexos.

1.5 Âmbito do tema

O domínio da medicina tem beneficiado muito com os recentes avanços no domínio dos grandes volumes de dados e da aprendizagem profunda. Estas tecnologias tornaram possível a recolha e análise de grandes quantidades de dados médicos, o que conduziu a novos conhecimentos sobre as doenças e a novas formas de as diagnosticar e tratar.

Neste caso, utilizou vários algoritmos de aprendizagem profunda para prever a doença renal crónica (DRC) com base em atributos específicos. Comparou o desempenho dos algoritmos em termos de precisão e descobriu que a maior precisão foi alcançada usando um classificador aplicado a dados normalizados de CKD.

Este é um tema interessante e os resultados são prometedores. Sugerem que a aprendizagem profunda pode ser uma ferramenta valiosa para prever a DRC, o que pode levar a um diagnóstico e tratamento mais precoce da doença.

Estou curioso para ver como este tópico evolui no futuro. Estou confiante de que a aprendizagem profunda continuará a desempenhar um papel importante no domínio da medicina e estou entusiasmado por ver como será utilizada para melhorar o diagnóstico e o tratamento de doenças.

CAPÍTULO 2 : REVISÃO DA LITERATURA

<u>Khadiime Jhumka</u> et al. [1] propuseram "Deep Neural Network Prediction of Chronic Kidney Disease" (Previsão da doença renal crónica por redes neuronais profundas) A DRC é uma preocupação universal comum, e os sinais nem sempre são perceptíveis de imediato. Podem ser criadas abordagens de aprendizagem profunda para identificar os elementos que podem causar a DRC, permitindo que os doentes obtenham tratamento imediato. Através da análise de um conjunto de atributos, esta investigação visa prever a doença renal crónica (DRC). A investigação foi efectuada utilizando um conjunto de dados de acesso livre que contém números recolhidos na Índia, tendo os dados sido primeiro pré-processados utilizando várias técnicas. Em seguida, foram utilizadas a floresta aleatória e a rede neural profunda para distinguir entre DRC e não-DRC. Os resultados de ambas as estratégias foram comparados e descobriu-se que o modelo DNN sugerido era melhor, com 98,8% de exatidão para a classificação binária.

Shamima Akter et al [2] propuseram "Modelos de aprendizagem profunda com desempenho abrangente na previsão precoce e na identificação do risco de doença renal crónica". A doença renal crónica tem vindo a tornar-se mais comum em todo o mundo. A DRC subclínica é habitual e recomenda-se a verificação baseada em directrizes para antecipar a DRC com base numa variedade de variáveis. O diagnóstico automático assistido por computador pode ser útil. Uma influência significativa na previsão da DRC. Devido à sua excelente precisão de classificação. Os algoritmos propostos foram aplicados utilizando a IA, extraindo e avaliando as características do conjunto de dados de DRC pré-processados e ajustados de cinco formas diferentes. Neste estudo de previsão, estimámos a perda e a perda de validação, bem como a exatidão, a precisão e a recuperação. Este estudo também examinou o desempenho do modelo, que é avaliado utilizando o tempo de cálculo, o rácio de previsão e a AUC, bem como a significância estatística na comparação dos seus resultados. Algoritmos como ANN, RNN simples e MLP alcançaram 99%, 96% e 97% de precisão, respetivamente, bem como um rácio de previsão razoável e um tempo reduzido na categorização da DRC. Depois disso, o estudo defendeu a inclusão dos modelos de aprendizagem profunda com melhor desempenho na IoMT. Esta ideia pode ajudar a análise preditiva a progredir na previsão da DRC utilizando melhor a aprendizagem profunda. O trabalho é um passo importante na produção de uma avaliação completa do desempenho para categorizar e utilizar modelos de aprendizagem profunda e variáveis de risco para prever a DRC.

Amira Rezket al [3] propôs "Deep Belief Network Prediction of Chronic Kidney Disease" (previsão da doença renal crónica através de uma rede de crença profunda). Apesar dos avanços nos cuidados médicos e na terapia, a DRC continua a ser um problema relacionado com o bem-estar público. O aumento da taxa de DRC nos últimos tempos despertou o interesse de investigadores de todo o mundo para a criação de métodos de diagnóstico e terapia de elevado desempenho, bem como para a prevenção. Aprender as características que são relevantes para a situação pode ajudá-lo a melhorar o seu desempenho. Para além da avaliação clínica, a investigação dos dados médicos dos doentes pode ajudar os profissionais de saúde a identificar a doença numa fase avançada. Foram feitas muitas tentativas para desenvolver sistemas inteligentes para identificar as áreas afectadas através da análise de dados médicos. Este artigo fornece um modelo para categorização e previsão inteligente. Utiliza uma Rede de Crenças Profundas (DBN) modificada como método de classificação, o softmax como função de ativação e a entropia cruzada categórica como função de perda para estimar as perturbações relacionadas com os rins. O modelo proposto demonstra que pode determinar a DRC com 98,5% de exatidão e 87,5% de sensibilidade quando comparado com os modelos existentes. O estudo dos resultados mostra que a aplicação de técnicas sofisticadas de aprendizagem profunda ajudou a prever o estado inicial da DRC e os seus problemas associados, o que retarda o curso dos danos nos rins.

Sweety Kumari et al [4] propuseram "Um modelo baseado na aprendizagem em conjunto para prever com precisão a doença renal crónica". Devido ao aumento global da incidência da doença renal crónica (DRC), é fundamental que esta seja descoberta e identificada de forma eficiente. A ferramenta baseada em ML (Machine Learning) é útil para fazer observações antecipadas e precisas. Neste caso, utilizamos ML, deepLearning e modelos de aprendizagem em conjunto para identificar casos de CKD / não-CKD. São medidos os termos de precisão, exatidão, recordação e desempenho da pontuação F1.

Mohammad Sakib Hossain et al [5] "A deteção de doenças renais a partir de imagens de

TAC foi proposta utilizando um modelo CNN modificado e aprendizagem profunda". A DRC, muitas vezes conhecida como insuficiência renal, é caracterizada por uma deterioração persistente da função renal. Cistos, pedras e tumores são algumas das causas mais prevalentes de insuficiência renal. Nas fases iniciais da doença renal crónica, pode não haver sintomas. É concebível, no entanto, ter uma doença renal e não se aperceber dela até ser demasiado tarde. Felizmente, com o avanço do ML e da CS (ciência da computação), muitas redes neurais demonstraram ser úteis na identificação de doenças. Neste artigo, utilizámos três abordagens de classificação CNN baseadas em redes neuronais profundas (DNN) e segmentação de bacias hidrográficas para categorizar quatro categorias de imagens de TC dos rins (quisto, normal, pedra e tumor). O nosso trabalho está dividido em duas fases. O método watershed foi utilizado para segmentar primeiro a região desejada nas imagens de TC. Em seguida, os dados segmentados dos rins foram utilizados para treinar uma série de redes de classificação, incluindo o conjunto de dados CT Kidney Normal Cyst Tumour and Stone, disponibilizado no Kaggle, que foi utilizado para treinar os modelos. Finalmente, no teste de exatidão, o modelo CNN proposto obteve 83,6%, 87,9% e 98,6%, individualmente, no conjunto de teste dos modelos de classificação. O modelo CNN proposto tem a maior sensibilidade, especificidade e precisão global, de acordo com as nossas conclusões.

Israa Alnazeral [6] propôs "Renal Function Evaluation Survey: Inteligência Artificial para a Próxima Década?". A avaliação exacta da microestrutura e da função dos rins é crucial para prever e diagnosticar a doença renal crónica (DRC). Os métodos avançados de imagiologia médica oferecem um meio mais seguro e não invasivo de analisar a DRC, permitindo aos prestadores de cuidados de saúde detetar alterações nas características e no funcionamento do tecido renal, incluindo informação morfológica, funcional e molecular. Recentemente, a aplicação da inteligência artificial na análise de grandes volumes de dados médicos tem despertado um interesse crescente no diagnóstico da DRC. Para além da análise qualitativa da imagem de medicina renal, a análise de textura combinada com a aprendizagem automática tem surgido como um método viável para quantificar a heterogeneidade do tecido renal. Esta abordagem complementa os métodos existentes e ajuda a prever o declínio da função renal. Além disso, a aprendizagem profunda tem mostrado potencial como uma nova abordagem para monitorizar a disfunção renal. Este documento apresenta um levantamento das abordagens mais recentes que envolvem técnicas de análise de textura e de aprendizagem automática que podem ser integradas na investigação clínica, melhorando, em última análise, o diagnóstico e o prognóstico da disfunção renal sem depender de procedimentos invasivos.

Sanjay Singla al [7] propôs "Chronic Kidney Disease Prediction Techniques: A Survey". A doença renal crónica (DRC) pode ser prevista utilizando um conjunto de dados que reúne informações sobre a DRC de diversas fontes online e offline. Estão disponíveis várias técnicas de inteligência artificial (IA) para identificar a DRC, cada uma utilizando diferentes fontes de informação, como imagens clínicas ou dados médicos tabulados com marcadores extraídos de registos de saúde electrónicos (EHRs). Os investigadores criaram modelos de previsão utilizando dados padrão de DRC acessíveis ao público do Repositório de Aprendizagem Automática da Universidade da Califórnia, Irvine, permitindo a validação de resultados e a comparação de modelos. Avanços recentes levaram à criação de vários sistemas que utilizam a aprendizagem automática (ML) e a aprendizagem profunda (DL) para prever a DRC.

Este estudo avalia diferentes trabalhos de investigação que se centraram na previsão da DRC, considerando parâmetros específicos. Após o pré-processamento dos dados, são utilizados algoritmos de ML para comparar o seu desempenho e obter resultados exactos. A eficácia dos modelos é avaliada com recurso a métricas como a pontuação F1, a precisão, a exatidão, a recordação e a pontuação AUC.

Deepanita Baidyaal [8] propôs "A Deep Prediction of Chronic Kidney Disease by Employing Machine Learning Method" (Uma previsão profunda da doença renal crónica utilizando um método de aprendizagem automática). A doença renal crónica (DRC) tem agravado particularmente esta situação. Detetar a DRC numa fase inicial é crucial para impedir a sua progressão. Felizmente, os médicos têm agora a possibilidade de empregar métodos de classificação de aprendizagem automática que podem detetar a doença mais rapidamente do que qualquer outra abordagem atualmente em uso. Esta investigação introduz um método que utiliza oito algoritmos distintos de aprendizagem automática (ML) para detetar prontamente a DRC com base no conjunto de dados do estado de saúde do paciente. O conjunto de dados utilizado neste estudo abrange aproximadamente dois meses e foi fornecido pelo hospital para avaliar a probabilidade de doença renal crónica. Após o pré-processamento dos dados, os algoritmos de ML foram aplicados e os seus desempenhos foram comparados. A análise produziu resultados precisos, avaliando o desempenho através de métricas como a pontuação F1, a precisão, a exatidão, a recuperação e a pontuação AUC, que são importantes. Os resultados mostram que o K-Nearest Neighbours e o Extra Tree Classifier venceram os outros algoritmos, com 99% de exatidão, excedendo a exatidão de 98% do Gradient Boost.

Ping Liang al [9] propôs "Deep Learning Identifies Intelligible Predictors of Poor Prognosis in Chronic Kidney Disease" (Aprendizagem profunda identifica preditores inteligentes de mau prognóstico na doença renal crónica). O diagnóstico atempado e a previsão da progressão da doença renal crónica (DRC) desempenham um papel crucial na adaptação de planos de tratamento personalizados, conduzindo a uma melhor qualidade de vida e a uma maior sobrevivência dos doentes. Neste estudo, investigamos a interpretabilidade dos modelos de aprendizagem automática e aprendizagem profunda na previsão da doença renal em fase terminal (ESRD) com base em características clínicas e laboratoriais facilmente acessíveis de doentes com CKD Foram utilizados oito modelos de aprendizagem automática para prever se os doentes com CKD iriam progredir para ESRD num período de três anos, utilizando informações demográficas, clínicas e de comorbilidade. Foram utilizados os algoritmos LASSO, random forest e XGBoost para selecionar os marcadores mais essenciais . associados à previsão. Além disso, foram introduzidos quatro métodos avançados de atribuição para melhorar a interpretabilidade do modelo de aprendizagem profunda. O modelo de aprendizagem profunda alcançou uma AUC-ROC impressionante de 0,8991, ultrapassando significativamente o desempenho dos modelos de base. A interpretação gerada pelo modelo de aprendizagem profunda, juntamente com os métodos de atribuição, a floresta aleatória e o XGBoost, demonstrou consistência com o conhecimento clínico, fornecendo informações valiosas. No entanto, a interpretação baseada em LASSO mostrou algumas inconsistências. A hematúria, a proteinúria, os níveis de potássio e o rácio albumina/creatinina na urina foram associados ao desenvolvimento de DRC, enquanto a taxa de filtração glomerular estimada (TFGe) e a creatinina na urina foram negativamente associadas. O modelo revelou várias características críticas, mas subnotificadas, que poderiam servir como novos marcadores para monitorizar a progressão da DRC. Este estudo oferece aos médicos provas convincentes baseadas em dados que apoiam a utilização da aprendizagem automática na gestão clínica e no tratamento da DRC.

Gayathri Hegde Mal [10] propôs "Performance Analysis of Real and Synthetic Data using Supervised ML Algorithms for Prediction of Chronic Kidney Disease" (Análise do desempenho de dados reais e sintéticos utilizando algoritmos de ML supervisionados para a previsão da doença renal crónica). O sector dos cuidados de saúde está a sofrer uma rápida transformação com a introdução dos registos de saúde electrónicos (RSE). Os EHRs armazenam as informações privadas e o histórico de saúde dos pacientes num formato digital. No entanto, devido a preocupações com a privacidade, a partilha de dados de EHR com a comunidade de investigação de Aprendizagem Automática (ML), que poderia contribuir para sistemas de saúde mais inteligentes e melhores cuidados aos doentes, é restrita. Para ultrapassar este desafio, os dados sintéticos estão a ser utilizados como alternativa quando não estão disponíveis dados do mundo real, como os dados dos registos médicos electrónicos. Os dados sintéticos podem ser partilhados sem revelar qualquer informação privada do doente. Este documento centra-se na geração de dados sintéticos a partir de um conjunto de dados reais, utilizando o conjunto de dados da Doença Renal Crónica (DRC) como um caso de utilização específico. Foram gerados três conjuntos de dados: um conjunto de dados real constituído por dados reais de doentes, um conjunto de dados sintético criado para imitar as características do conjunto de dados real e um conjunto de dados combinado que inclui dados reais e sintéticos. Para avaliar a correção dos dados gerados, são utilizados os métodos de aprendizagem automática supervisionada Six. foram aplicados a estes três conjuntos de dados. Os algoritmos foram treinados para determinar se um doente tinha ou não DRC, utilizando tanto o conjunto completo de características como um conjunto reduzido de características. O desempenho dos algoritmos de ML supervisionados nos três conjuntos de dados foi avaliado utilizando várias métricas, incluindo a Matriz de Confusão, a Exatidão, a Recuperação, a Precisão e a Pontuação F1. Os resultados mostraram que o XGBoost alcançou 100% de precisão nos três conjuntos de dados quando utilizou o conjunto completo de características. Além disso, alcançou 100% de precisão no conjunto de dados misto (combinando dados reais e sintéticos), mesmo com a redução das características. Em resumo, este estudo demonstra a geração de dados sintéticos a partir de um conjunto de dados reais, concentrando-se especificamente no conjunto de dados CKD. A avaliação do desempenho de seis algoritmos de ML supervisionados nos conjuntos de dados reais, sintéticos e combinados revela que o XGBoost superou os outros algoritmos, alcançando uma precisão perfeita em todos os conjuntos de dados, particularmente no conjunto de dados misto com redução de características.

CAPÍTULO 3 : EXPOSIÇÃO DO PROBLEMA E METODOLOGIA

3.1 DEFINIÇÃO DO PROBLEMA

O rim é um órgão vital do corpo humano, desempenhando funções importantes como a excreção e a osmorregulação. Essencialmente, recolhe e elimina materiais tóxicos e desnecessários do corpo através do sistema excretor. Só na Índia, registam-se anualmente cerca de 1 milhão de casos de doença renal crónica (DRC). A DRC, também conhecida como insuficiência renal, é uma doença perigosa que provoca uma perda gradual da função renal. Progride lentamente ao longo de vários anos e acaba por conduzir a uma insuficiência renal permanente.

Se a DRC passar despercebida e não for tratada durante as suas fases iniciais, os doentes podem apresentar uma série de sintomas como tensão arterial elevada, anemia, ossos enfraquecidos, má saúde nutricional, lesões nervosas e uma resposta imunitária reduzida. À medida que a doença progride, o sangue e o corpo podem acumular níveis perigosos de fluidos, electrólitos e produtos residuais. Por isso, torna-se imperativo reconhecer a DRC nas suas fases iniciais. No entanto, a deteção precoce constitui um desafio, uma vez que os sintomas se manifestam gradualmente e não são específicos da doença. Alguns indivíduos podem não apresentar quaisquer sintomas. É aqui que a aprendizagem automática pode ser benéfica, uma vez que pode ajudar a prever se um doente tem ou não DRC.

3.2 METODOLOGIA

3.2.1 Sistema existente

Rede Neural de Convolução (CNN):

Uma rede neural convolucional (CNN) é uma espécie de rede neural profunda em camadas, frequentemente utilizada para avaliar dados visuais. SIANN [ShiftInvariant or space invariant Artificial NeuralNetworks] é outro nome que lhes é dado devido à sua conceção de pesos partilhados e invariância de tradução.

As CNN são perceptrões multicamadas altamente normalizados. As redes totalmente conectadas são normalmente utilizadas para representar perceptrons multicamadas, o que significa que, numa arquitetura de rede multicamadas típica, cada neurónio de uma determinada camada está ligado a todos os neurónios da camada seguinte. A extensa conetividade das redes totalmente conectadas torna-as susceptíveis de sobreajustar os dados. Para atenuar este problema, são normalmente utilizados métodos de regularização, como a incorporação de medidas da magnitude do peso na função de perda. Em contraste, as redes neurais convolucionais (CNNs) abordam a regularização de forma diferente. Aproveitam a estrutura hierárquica dos dados para construir padrões complexos a partir de padrões mais simples, operando a um nível inferior de conetividade e complexidade.

As redes convolucionais inspiraram-se em processos biológicos, uma vez que os seus padrões de ligação de neurónios se assemelham à arquitetura do cérebro visual dos animais. No córtex, os neurónios isolados respondem a estímulos numa região específica do campo visual, designada por Campo Recetivo. Os campos receptivos de diferentes neurónios sobrepõem-se até certo ponto, cobrindo coletivamente todo o campo visual.

Quando comparadas com abordagens alternativas para classificar imagens, as CNN requerem um pré-processamento extremamente reduzido, o que implica que os filtros na rede são adquiridos através do processo de aprendizagem que foram concebidos manualmente em técnicas anteriores. Uma vantagem notável é que esta abordagem elimina a necessidade de conhecimento prévio e esforço manual na geração de características, o que garante independência e facilidade de utilização.

3.2.2Arquitectura da CNN:

As CNN (Redes Neuronais Convolucionais) são um tipo de Redes Neuronais Profundas que se destacam no reconhecimento e categorização de características específicas em imagens. Encontram uma aplicação generalizada no reconhecimento de vídeo, classificação de salários, análise de imagens médicas, visão computacional e processamento de linguagem natural.

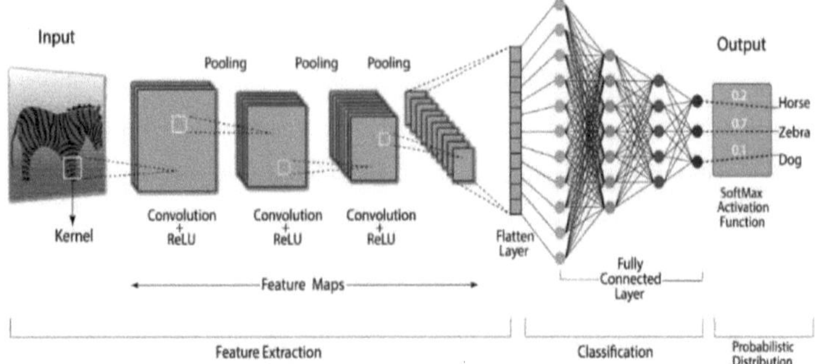

Figura 3.1: A figura mostra a arquitetura de uma CNN.

Uma arquitetura típica de uma CNN é composta por duas partes principais:

1. Extração de características: Esta fase envolve a extração de características relevantes da imagem de entrada.

2. Classificação: Uma vez extraídas as características, a CNN classifica a entrada em diferentes categorias com base nessas características.

A CNN é composta por três tipos de camadas:

1. Camada convolucional: A convolução é um processo matemático realizado nesta camada entre a imagem de entrada e um filtro de um determinado tamanho (MxM). Este processo gera um mapa de características, que representa a informação da imagem, como cantos e arestas. Este mapa de características é utilizado por outras camadas para aprender aspectos mais complicados da imagem de entrada.

2. Camada de pooling: Normalmente, a seguir à camada convolucional, a camada de agrupamento reduz o tamanho do mapa de características que foi envolvido. Isto é conseguido reduzindo a amostragem e operando independentemente em cada mapa de características. Existem diferentes operações de agrupamento, incluindo: Maxpooling: Seleção da maior caraterística do mapa de características.

Cálculo da média: Cálculo da média das secções de elementos especificados do mapa de elementos geográficos. Totalização: Cálculo da soma total dos elementos em secções predefinidas.

3. Camada totalmente conectada (FC): Após as camadas anteriores, os dados de entrada são achatados e introduzidos na camada FC, onde são efectuadas as operações matemáticas. Esta fase dá início ao processo de classificação.

Além disso, existem dois parâmetros essenciais:
- Camada de abandono: Para evitar o sobreajuste, são introduzidas camadas de abandono, que ajudam na regularização, desactivando aleatoriamente alguns neurónios durante o treino.
- Função de ativação: Determina quais as informações que devem ser propagadas através da rede e quais as que devem ser suprimidas no final da rede.

Nas técnicas de classificação de imagens, existem duas categorias principais:
1. Classificação não supervisionada: Os resultados são derivados unicamente da análise de software de uma imagem sem quaisquer classes de amostra fornecidas pelo utilizador. O computador utiliza técnicas para identificar pixéis relacionados e agrupa-os em classes.
2. Classificação supervisionada: Os utilizadores seleccionam amostras de pixels numa imagem que representam classes específicas. O software de processamento de imagem utiliza então estas amostras de treino como referências para classificar todos os outros pixéis da imagem.

Em geral, as CNNs provaram ser altamente eficazes em várias aplicações devido à sua capacidade de aprender e reconhecer automaticamente características complexas em imagens e noutros tipos de dados.

Desvantagens do sistema atual:

1. Menor precisão na previsão da deteção de DRC.

2. Não pode ser implementado em todos os conjuntos de dados.

3. O consumo de tempo é elevado.

4. A maioria dos modelos de previsão são modelos complexos.

3.2.3 Sistema proposto

Rede Neural Recorrente (RNN):

Uma rede neuronal artificial, conhecida como Rede Neuronal Recorrente (RNN), possui uma estrutura de rede com ligações entre nós que formam um grafo ao longo do tempo. Esta caraterística única permite que as RNNs demonstrem dinâmica temporal. Ao utilizar o seu estado ou memória interna, as RNN, que são obtidas a partir de redes neuronais feedforward, são capazes de processar sequências de entrada de diferentes comprimentos. Esta flexibilidade permite que as RNNs sejam aplicadas a tarefas como o reconhecimento de caligrafia não segmentada e conectada ou o reconhecimento de fala.

A expressão "rede neuronal recorrente" engloba dois tipos principais de redes que partilham uma estrutura global idêntica. Uma com uma resposta de impulso finito (FIR) e outra com uma resposta de impulso infinito (IIR). Ambos os tipos de redes apresentam uma dinâmica temporal. Enquanto uma rede recorrente de impulsos finitos pode ser representada por um grafo cíclico assistido que não pode ser desdobrado e deslocado por uma rede neuronal puramente de avanço, uma rede recorrente de impulsos infinitos não tem esta limitação e permite ligações cíclicas ilimitadas.

É possível armazenar estados adicionais nas redes recorrentes FiniteImpulse e InfiniteImpulse, e a rede neuronal pode regular o armazenamento diretamente. Se o armazenamento envolver atrasos de tempo ou circuitos de feedback, pode ser utilizada outra rede ou gráfico. Estes estados de gated, também conhecidos como memória gated, são utilizados em redes de memória e unidades recorrentes gated. Também é conhecida como rede neural de realimentação (FNN).

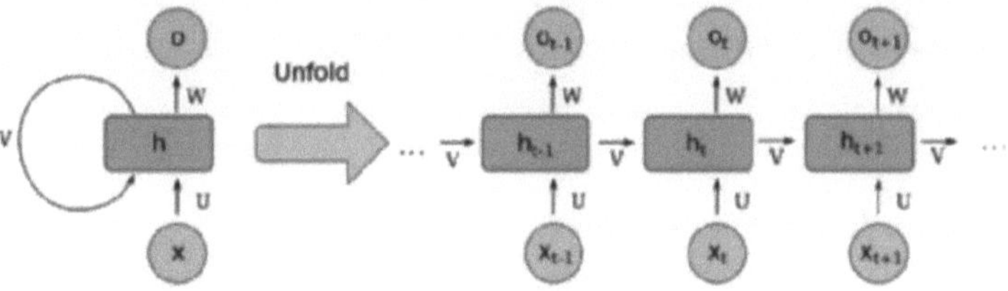

Figura 3.2: Rede neural recorrente

A principal caraterística de uma RNN é a sua capacidade de manter estados ocultos, o que lhe permite captar informações de entradas passadas e utilizá-las para influenciar o processamento de entradas futuras. Esta natureza sequencial torna as RNNs adequadas para tarefas em que o contexto e as dependências temporais são cruciais.

Segue-se uma descrição geral de um módulo RNN:

1. Dados de entrada: Uma RNN processa os dados de entrada de forma sequencial. Por exemplo, no processamento de linguagem natural, cada palavra de uma frase é introduzida como entrada na RNN, uma a uma.

2. Estado oculto: Em cada passo de tempo, a RNN mantém um estado oculto, que serve como uma memória da informação que viu no passado. Este estado oculto é atualizado em cada passo de tempo, e o seu valor depende da entrada atual e do estado oculto anterior.

3. Função de ativação: Normalmente, as RNNs utilizam funções de ativação como tanh ou ReLU para introduzir a não-linearidade na rede e permitir-lhe modelar relações complexas nos dados.

4. Parâmetros: As RNNs têm parâmetros que podem ser aprendidos, incluindo pesos e biases, que são actualizados durante o processo de treino utilizando backpropagation through time (BPTT) ou outras técnicas de otimização baseadas em gradientes.

5. Backpropagation Through Time (BPTT): BPTT é uma variação da retropropagação usada para treinar RNNs. Envolve o desdobramento da RNN ao longo do tempo para criar um gráfico computacional, que permite que os gradientes sejam propagados para trás através de toda a sequência. Este processo pode ser computacionalmente dispendioso e pode sofrer de desaparecimento ou explosão de gradientes, especialmente em sequências

muito longas.

o problema do gradiente de fuga e permitir-lhes aprender dependências de longo prazo de forma mais eficaz.

Vantagens do sistema proposto:

1. Maior precisão na previsão da deteção de DRC.

2. Pode ser implementado em todos os conjuntos de dados.

3. O consumo de tempo é reduzido.

4. A maioria dos modelos preditivos são modelos fáceis de utilizar.

3.3 Arquitetura do sistema

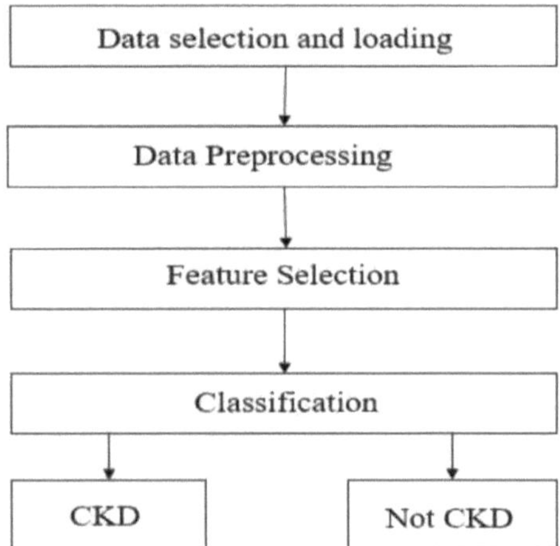

3.4 Diagrama UML

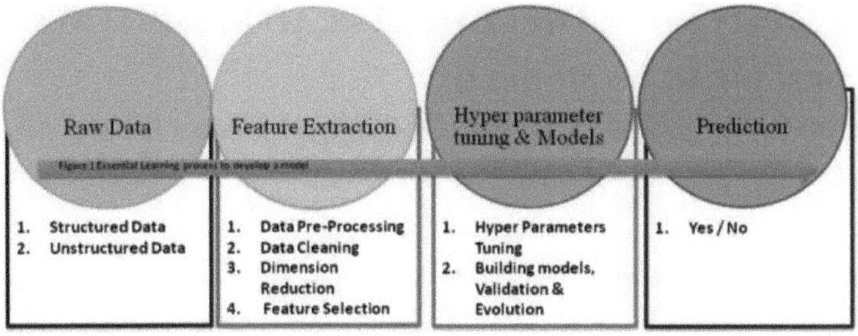

Raw Data
Feature Extraction
Hyper parameter tuning & Models
Prediction
1. Structured Data
2. Unstructured Data
1. Data Pre-Processing
2. Data Cleaning
3. Dimension Reduction
4. Feature Selection
1. Hyper Parameters Tuning
2. Building models, Validation & Evolution
1. Yes / No

CAPÍTULO 4 : IMPLEMENTAÇÃO DO SISTEMA

4.1 DESCRIÇÃO DO MÓDULO

A. Dados em bruto: Os dados de entrada são recolhidos sob a forma de ficheiros CSV.

B. Preparação dos dados: É efectuado um processo para reunir o contexto sobre os dados de entrada e compreender a sua estrutura para pré-processamento e limpeza dos conjuntos de dados.

C. Sobreamostragem (usando SMOTE): Se o conjunto de dados estiver desequilibrado, o que significa que tem significativamente mais amostras de uma classe em comparação com outras, a técnica de sobreamostragem de minorias sintéticas (SMOTE) é aplicada para gerar amostras sintéticas para a classe minoritária, equilibrando assim o conjunto de dados.

D. Subconjunto de treino e de teste: Devido à natureza desequilibrada do conjunto de dados, muitos classificadores tendem a apresentar uma tendência para as classes maioritárias. Para atenuar este problema, é selecionado um subconjunto do conjunto de dados para efeitos de treino e teste, em que as características da classe minoritária não são tratadas como ruído e são incluídas.

E. Aplicação do algoritmo: São utilizados dois algoritmos de classificação, a Rede Neural Convolucional (CNN) e a Rede Neural Recorrente (RNN), para testar o conjunto de dados da subamostra selecionada. Estes algoritmos são especificamente escolhidos pela sua eficácia no tratamento de imagens ou de dados sequenciais, respetivamente.

F. Previsão e avaliação: Os modelos treinados são aplicados ao subconjunto de teste do conjunto de dados para prever as etiquetas das classes. As métricas de avaliação utilizadas são as pontuações de precisão e de recuperação, que medem a exatidão da classificação. Além disso, a curva ROC (Receiver Operating Characteristic) é traçada para avaliar o desempenho do modelo, com o objetivo de obter resultados desejáveis.

De um modo geral, este processo envolve a preparação e limpeza dos dados em bruto, o tratamento do desequilíbrio das classes através da sobreamostragem, a seleção de um subconjunto representativo do conjunto de dados, a aplicação dos algoritmos CNN e RNN para classificação e a avaliação do desempenho através da análise da precisão, da recuperação e do ROC.

4.2 Fluxograma

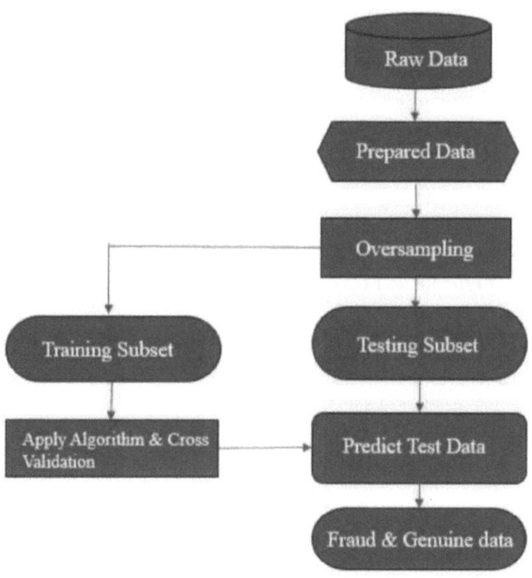

Figura 4.1: Fluxograma de descrição do módulo

4.3 ESTUDO COMPARATIVO DO SISTEMA ACTUAL E DO SISTEMA PROPOSTO

Na nossa investigação, utilizaremos algoritmos como modelo ConvolutionNeuralNetwork (CNN), como sistema existente, e Recurrent Neural

Network (RNN), como sistema proposto, e compará-los-emos em conjunto com a exatidão, a precisão, a recuperação e a pontuação F1.

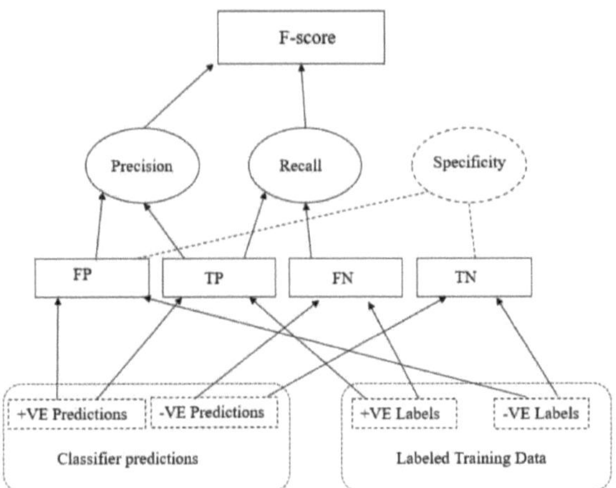

Figura 4.2: Fluxograma de previsão de dados

As métricas estão organizadas numa hierarquia, começando com as negativas/positivas verdadeiras/falsas (na parte inferior) e progredindo até à pontuação F1, que as liga a todas. Vamos trabalhar a partir daí.

4.3.1 Verdadeiros OU falsos positivos e negativos (TP/TN OU FP/FN):

No contexto das previsões do modelo, obtém-se um TP quando o modelo prevê eficazmente a classe positiva, o que resulta numa previsão correcta. Do mesmo modo, quando o modelo prevê com exatidão a classe negativa, obtém-se um TN. Por outro lado, uma previsão incorrecta da classe positiva é classificada como FP, enquanto uma previsão incorrecta da classe negativa é classificada como FN.

4.3.2 Actidão

É uma métrica que geralmente mostra o desempenho do modelo em todos os grupos. É preferível atribuir o mesmo peso a todas as classificações. É calculada dividindo o número de profecias correctas pelo número bruto de profecias.

$$\text{Accuracy} = \frac{TN+TP}{(TP+TN+FP+FN)} = \frac{\text{No .of correct prediction}}{\text{No of all prediction}} = \frac{\text{No. of correct prediction}}{\text{Size of dataset}}$$

4.3.3 Precisão

A determinação da precisão é efectuada através do cálculo do rácio entre as amostras positivas classificadas de forma válida e o número bruto de amostras classificadas como +ve, independentemente da exatidão da classificação. Quantifica a eficácia do algoritmo na classificação exacta das amostras como positivas.

$$\text{Precision} = \frac{\text{True positive}}{\text{True positive - False positive}}$$

4.3.4 Recordar:

Para calcular a recuperação, para obter o rácio, o número de amostras positivas classificadas corretamente é dividido pelo número total de amostras positivas. A recuperação do algoritmo determina a sua capacidade de distinguir amostras positivas. Uma recuperação mais elevada indica uma maior capacidade de identificar amostras positivas...

$$\text{Recall} = \frac{\text{True positive}}{\text{True positive + Fl False Negative}}$$

4.3.5 F1-Score:

É uma combinação estatística da exatidão e da recuperação. É normalmente referida como a média harmónica dos dois. A média harmónica é apenas outra abordagem para calcular uma "média" de números e é normalmente apresentada como sendo mais adequada para rácios (como a precisão e a recuperação) do que a média aritmética padrão. Nesta situação, a fórmula da pontuação F1 é:

$$\text{F1-score} = 2 * \frac{\text{Precision} * \text{Recall}}{\text{Precision} + \text{Recall}}$$

CAPÍTULO 5 : ESTUDO DO SISTEMA

5.1 ESTUDO DE VIABILIDADE

Durante esta fase, a viabilidade do tema é analisada e é apresentada uma proposta de negócio, com um plano geral para o tema e estimativas de custos. Como parte da análise do sistema, é efectuado um estudo de viabilidade para garantir que o sistema proposto não impõe um encargo excessivo à empresa. A compreensão dos principais requisitos do sistema é crucial para a realização da análise de viabilidade.

O estudo de viabilidade centra-se na investigação do problema e das necessidades de informação das partes interessadas. O seu objetivo é determinar os recursos necessários para implementar uma solução de sistemas de informação, avaliar o custo e os benefícios da solução e avaliar a sua viabilidade. O analista que realiza o estudo emprega vários métodos, incluindo:

1. Desenvolver e realizar questionários para as partes interessadas no sistema de informação, como os potenciais utilizadores.
2. Observar e monitorizar os actuais utilizadores do sistema para compreender as suas necessidades, nível de satisfação e áreas de insatisfação com o sistema existente.
3. Recolha e análise exaustiva de documentos, relatórios, procedimentos, manuais e outros materiais relevantes relacionados com as operações do sistema atual.
4. Criar modelos, observar e simular as actividades de trabalho do sistema atual.

O objetivo final do estudo de viabilidade é explorar várias soluções de sistemas de informação, avaliar a sua viabilidade e recomendar a opção mais adequada para a organização. Esta avaliação baseia-se em vários componentes, incluindo, mas não se limitando a:

1. Viabilidade económica:

   Avaliar a viabilidade económica da solução proposta, analisando os custos, os benefícios e o retorno do investimento (ROI). Isto inclui considerar factores como os custos de desenvolvimento, os custos operacionais, a poupança de custos e a potencial geração de receitas.

2.   Viabilidade técnica:

Avaliar se a solução proposta pode ser implementada de um ponto de vista técnico. Isto implica examinar a disponibilidade da tecnologia, infra-estruturas, software, hardware e conhecimentos necessários. A compatibilidade com os sistemas existentes e a escalabilidade também são consideradas.

3.Viabilidade social:

Avaliar a aceitabilidade e o impacto da solução proposta na organização e nos seus intervenientes. Isto inclui considerar factores como a aceitação do utilizador, a cultura organizacional, a gestão da mudança e as potenciais implicações sociais ou éticas.

4.Viabilidade operacional:

Avaliar o carácter prático e a eficácia da implementação da solução proposta no contexto operacional da organização. Isto implica considerar factores como a disponibilidade de recursos, o desempenho do sistema, os processos operacionais e a capacidade de satisfazer os requisitos dos utilizadores.

Ao avaliar estas componentes de viabilidade, o estudo visa determinar a viabilidade e a adequação da solução proposta para a organização, assegurando que está alinhada com os objectivos, restrições e capacidades da organização.

CAPÍTULO 6 : TESTE DO SISTEMA

O principal objetivo dos testes é identificar e resolver eventuais falhas. Os testes envolvem a procura sistemática de todas as vulnerabilidades possíveis num produto de trabalho. Permite examinar a funcionalidade de componentes individuais, subconjuntos e conjuntos, ou o produto final. O processo implica a avaliação do software para garantir que este cumpre os requisitos especificados, satisfaz as expectativas do utilizador e funciona sem falhas indesejáveis. Vários tipos de testes respondem a requisitos de teste específicos, cada um servindo um objetivo único.

TIPOS DE TESTES

6.1 Testes unitários

O teste de unidades é uma fase crucial no teste de software, centrando-se na verificação da correção da lógica interna do programa e garantindo que as entradas do programa geram saídas válidas. Este tipo de teste valida todos os ramos de decisão e o fluxo de código interno em unidades de software individuais da aplicação. Ocorre após a conclusão de uma única unidade, mas antes da integração com outras unidades. O teste de unidades é classificado como uma forma de teste estrutural, uma vez que requer o conhecimento da construção da unidade e envolve o exame direto do seu funcionamento interno.

Durante os testes unitários, são concebidos casos de teste específicos para avaliar a exatidão de um determinado processo empresarial, aplicação ou configuração do sistema ao nível dos componentes. Cada caminho distinto do processo empresarial é cuidadosamente examinado para garantir que funciona de acordo com as especificações documentadas e tem entradas e resultados esperados bem definidos. Ao realizar testes unitários, os programadores podem identificar e retificar problemas no início do processo de desenvolvimento, contribuindo para a qualidade e fiabilidade globais do software.

6.2 Ensaios de integração

O teste de integração é uma fase crucial do teste de software que se concentra na avaliação da funcionalidade dos componentes de software integrados para garantir que funcionam de forma coesa como um único programa. Este processo de teste é orientado por eventos e preocupa-se principalmente com a avaliação do resultado global dos ecrãs ou campos quando os componentes interagem.

O principal objetivo dos testes de integração é demonstrar que, apesar de ter passado satisfatoriamente nos testes unitários individuais, a combinação de componentes funciona correcta e consistentemente como um todo unificado. Ao submeter os componentes integrados a testes, esta fase visa identificar quaisquer questões que possam surgir das suas interacções e descobrir potenciais problemas que possam não ser evidentes durante os testes unitários.

Os testes de integração desempenham um papel fundamental para garantir que as diferentes partes de um sistema de software funcionam harmoniosamente em conjunto, contribuindo para um produto final mais robusto e fiável. Ajuda a detetar defeitos relacionados com a integração numa fase inicial do processo de desenvolvimento, reduzindo a probabilidade de surgirem problemas graves em fases posteriores ou após a implementação.

6.3 Teste de funcionamento

Os testes funcionais são demonstrações sistemáticas destinadas a verificar se as funções testadas estão em conformidade com os requisitos comerciais e técnicos especificados, tal como descritos na documentação do sistema e nos manuais do utilizador.

Os principais aspectos dos testes funcionais incluem:

1. Entrada válida: Garantir que as classes identificadas de entradas válidas são aceites como esperado.

2. Dados inválidos: Verificar se as classes identificadas de dados inválidos são rejeitadas de forma adequada.

3. Funções: Exercitar as funções identificadas para confirmar o seu correto funcionamento.

4. Resultados: Testar as classes identificadas de resultados da aplicação para validar a sua exatidão.

5. SistemasZProcedimentos: Invocação de sistemas ou procedimentos de interface para garantir uma integração perfeita.

A organização e o planeamento dos testes funcionais centram-se no cumprimento dos requisitos, na abordagem das principais funções e na definição de casos de teste específicos. Para garantir uma cobertura abrangente, os fluxos de processos empresariais, os campos de dados, os processos predefinidos e os procedimentos subsequentes são todos considerados durante os testes. À medida que os testes funcionais avançam, são identificados novos testes e a eficácia dos testes existentes é avaliada para melhorar a qualidade geral dos testes.

6.4 Teste do sistema

O teste do sistema é uma fase crítica do teste de software que tem como objetivo validar se todo o sistema de software integrado cumpre os requisitos especificados. Este processo de teste avalia o sistema como um todo para garantir que todos os componentes funcionam em conjunto sem problemas.

O principal objetivo do teste do sistema é testar exaustivamente a configuração do sistema, garantindo que os resultados são conhecidos e previsíveis. O teste de integração do sistema orientado para a configuração é um exemplo de teste do sistema, em que várias configurações e pontos de integração são examinados quanto à exatidão e funcionalidade.

Os testes de sistemas baseiam-se em descrições e fluxos de processos pormenorizados, com incidência em ligações e pontos de integração de processos pré-definidos. Ao realizar este tipo de testes, os programadores de software podem verificar se o sistema funciona corretamente e de forma consistente em cenários reais, aumentando, em última análise, a fiabilidade e a qualidade globais do sistema de software.

6.5 Teste de caixa branca

O teste de caixa branca é um tipo de teste em que o testador de software possui conhecimento do funcionamento interno, da estrutura e da linguagem de programação do software ou, no mínimo, compreende o seu objetivo. Este nível de compreensão permite ao testador inspecionar e avaliar a lógica interna do software e a implementação do código.

O teste de caixa branca é particularmente útil para testar áreas que não podem ser acedidas ou adequadamente examinadas apenas através do teste de caixa preta. Ao aprofundar o funcionamento interno do software, os testadores podem avaliar a forma como o código lida com vários cenários e descobrir potenciais defeitos ou ineficiências.

Em suma, o teste de caixa branca oferece um nível mais profundo de escrutínio, aproveitando o conhecimento do design interno do software, ajudando na identificação de problemas que podem passar despercebidos através de outros métodos de teste, como o teste de caixa preta.

6.6 Teste de caixa preta

O teste de caixa preta é uma abordagem de teste em que o software é avaliado sem qualquer conhecimento do seu funcionamento interno, estrutura ou linguagem de programação. Os testadores efectuam testes de caixa negra sem acesso ao código fonte, tratando o software como uma "caixa negra" opaca.

Para efetuar testes de caixa negra, os testadores devem basear-se em documentos de origem definitivos, tais como especificações ou documentos de requisitos. Estes documentos servem de base para a criação de casos de teste, que incluem o fornecimento de entradas específicas ao software e a observação dos resultados sem ter em conta os mecanismos internos do software.

Na sua essência, os testes de caixa negra tratam o software como um sistema fechado, concentrando-se apenas nas entradas e saídas e não se preocupando com a forma como o software atinge os seus resultados. Esta abordagem garante que o processo de teste permanece imparcial e ajuda a identificar potenciais problemas ou discrepâncias que possam surgir quando os utilizadores interagem com o software em cenários do mundo real.

6.7 Testes unitários:

Os testes unitários são normalmente efectuados como uma componente de uma fase combinada de código e teste unitário durante o ciclo de vida do desenvolvimento de software. No entanto, não é raro que a codificação e os testes unitários sejam efectuados em fases separadas e distintas.

Em algumas metodologias de desenvolvimento de software, as fases de codificação e de teste unitário estão integradas, o que significa que os programadores escrevem testes unitários à medida que codificam cada unidade individual do software. Isto garante que o processo de teste está estreitamente ligado ao processo de desenvolvimento e permite a identificação e resolução imediatas de defeitos no código.

Por outro lado, em certas abordagens de desenvolvimento, a codificação pode ser concluída primeiro e, em seguida, é efectuada uma fase separada de testes unitários. Neste caso, os testadores ou programadores dedicados efectuam testes unitários ao código já escrito para validar a sua funcionalidade e a adesão aos requisitos.

Quer sejam combinados ou separados, os testes unitários continuam a ser um aspeto crucial do desenvolvimento de software, uma vez que ajudam a verificar a correção e a funcionalidade de unidades/componentes individuais, conduzindo a um produto final mais fiável e robusto.

Estratégia e abordagem de teste:

Os testes no terreno serão efectuados manualmente, enquanto os testes funcionais serão meticulosamente programados.

Objectivos do teste:

- Assegurar o bom funcionamento de todas as entradas no terreno.

- Validar se as páginas são activadas corretamente através de ligações identificadas.

- Verificar se os ecrãs de entrada, as mensagens e as respostas não apresentam atrasos.

Características a serem testadas:

- Validar o formato correto das entradas.

- Proibir a duplicação de registos.
- Confirme que todas as ligações direccionam os utilizadores para as páginas correctas.

6.8 Teste de integração

Os testes de integração de software envolvem a integração passo a passo de dois ou mais componentes de software numa plataforma unificada para detetar quaisquer falhas que possam ocorrer devido a defeitos de interface. O principal objetivo dos testes de integração é verificar se os diferentes componentes ou aplicações de software, quer a nível do sistema, quer a nível da empresa, interagem sem problemas e sem encontrar quaisquer erros.

Resultados dos testes: Todos os casos de teste mencionados foram aprovados sem encontrar quaisquer defeitos.

6.9 Testes de aceitação

O teste de aceitação do utilizador (UAT) é uma fase crucial em qualquer tópico e exige um envolvimento substancial dos utilizadores finais. O seu principal objetivo é validar se o sistema satisfaz os requisitos funcionais.

Resultados dos testes: Todos os casos de teste mencionados foram aprovados com êxito e não foram encontrados defeitos durante o processo de teste.

CAPÍTULO 7 : MANUTENÇÃO DO SISTEMA

A. Python

Python destaca-se como uma linguagem de programação incrivelmente poderosa e flexível, amplamente utilizada em diversos domínios de aplicação. Distingue-se por oferecer capacidades dinâmicas e orientadas para os objectos e facilita a integração com outras linguagens e ferramentas, possuindo extensas bibliotecas padrão. Para elaborar mais, aqui estão alguns atributos distintivos que diferenciam Python:

1. Clareza e legibilidade: A sintaxe do Python é excecionalmente clara e fácil de ler, permitindo que os programadores escrevam código conciso e compreensível.

2. Introspeção: Python fornece fortes capacidades de introspeção, permitindo aos programadores examinar e modificar a estrutura do código durante o tempo de execução.

3. Modularidade: Python suporta modularidade total, permitindo aos utilizadores organizar o seu código em módulos e pacotes reutilizáveis e de fácil manutenção.

4. Tratamento de Erros Baseado em Exceções: Python adopta um mecanismo de tratamento de erros baseado em excepções, simplificando o processo de tratamento e recuperação de erros.

5. Tipos de dados dinâmicos: Python é conhecido por sua tipagem dinâmica de dados de alto nível, permitindo que variáveis sejam atribuídas sem declarações explícitas de tipo.

6. Versatilidade: Python suporta vários paradigmas de programação orientada a objectos, imperativa e funcional são exemplos de estilos de programação, dando aos programadores a flexibilidade de escolher a abordagem mais apropriada para os seus tópicos.

7. Incorporabilidade: O Python pode ser facilmente incorporado noutras aplicações, o que o torna uma escolha conveniente para alargar a funcionalidade do software existente.

8. Escalabilidade: A escalabilidade do Python permite-lhe lidar com tópicos de diferentes tamanhos, desde pequenos scripts a aplicações de grande escala.

9. Maturidade: Python tem uma longa história e é considerada uma linguagem madura, apoiada por uma comunidade grande e ativa.

Com a sua abordagem libertadora, Python incentiva os programadores a concentrarem-se na resolução de problemas em vez de se preocuparem com as complexidades da linguagem, o que a distingue de outras linguagens de programação. Esta adaptabilidade e riqueza fazem do Python a escolha ideal para a computação científica e para uma vasta gama de outras aplicações.

B. CV aberto

O OpenCV, originalmente desenvolvido pela Intel e atualmente apoiado pela Willogarage, é uma biblioteca abrangente de funções de programação concebidas para aplicações de visão computacional em tempo real. Sob a licença BSD de código aberto, está disponível gratuitamente para utilização. Esta poderosa biblioteca possui mais de quinhentos algoritmos optimizados e foi amplamente adoptada, com um grupo de utilizadores composto por cerca de quarenta mil pessoas. As suas aplicações abrangem um vasto espetro, desde a arte interactiva e a inspeção de minas até à robótica avançada.

Principalmente codificado em C, o OpenCV oferece portabilidade para plataformas específicas como os Processadores Digitais de Sinais (DSP). Para garantir a acessibilidade a um público mais vasto, os programadores criaram wrappers para várias linguagens de programação, incluindo C, Python, Ruby e Java (através do Java CV). Além disso, as versões recentes do OpenCV incluem interfaces para C++.

O foco principal do OpenCV centra-se no processamento de imagens em tempo real, tornando-o uma ferramenta inestimável para uma ampla gama de tarefas de visão computacional. Além disso, as suas capacidades multiplataforma permitem-lhe funcionar sem problemas em sistemas Linux, macOS e Windows. Ao longo do tempo, o OpenCV solidificou a sua posição como a principal biblioteca de visão computacional de código aberto, recebendo elogios de programadores e investigadores.

C. Tesseract

O Tesseract é um motor de OCR (reconhecimento ótico de caracteres) gratuito, originalmente desenvolvido pela HP de 1984 a 1994. Em 2005, a HP lançou-o ao público, tornando-o acessível à comunidade. O Tesseract apareceu pela primeira vez no Teste Anual de Precisão de OCR da UNLV em 1995 e está atualmente a ser desenvolvido pela Google, estando disponível sob a licença Apache. Atualmente, o motor suporta o reconhecimento de seis idiomas e inclui totalmente as capacidades UTF8.

Uma das características notáveis do Tesseract é a sua flexibilidade, que permite aos programadores treiná-lo com tipos de letra e mapeamentos de caracteres personalizados. Esta adaptabilidade permite que os utilizadores obtenham uma eficiência óptima, adaptando o motor às suas necessidades específicas.

7.1 SOBRE O SOFTWARE: "PYTHON"

Python é uma linguagem de script interpretada, de alto nível, interactiva e orientada para objectos, com uma forte ênfase na legibilidade. Distingue-se de outras linguagens de programação devido à sua utilização abundante de palavras-chave em inglês, em contraste com a pontuação pesada e uma sintaxe mais concisa.

As seguintes características-chave definem a natureza da Python:

1. Interpretado: O código Python é executado em tempo de execução por um intérprete, eliminando a necessidade de pré-compilação antes de executar o programa. Esta caraterística é semelhante à de outras linguagens como PERL e PHP.

2. Interativo: O Python oferece um ambiente interativo, permitindo aos programadores interagir diretamente com o interpretador através de um prompt para escrever e executar código em tempo real.

3. Orientado a objectos: Python suporta totalmente o paradigma de programação orientada a objectos, permitindo o encapsulamento de código em objectos para uma melhor modularidade e organização.

4. Amigável para principiantes: Python é uma excelente escolha para aspirantes a programadores de nível iniciante. Facilita a criação de uma vasta gama de programas, desde simples tarefas de processamento de texto a navegadores Web e até jogos.

História do Python

Guido van Rossum criou a Python no Instituto Nacional de Investigação em Matemática e Informática dos Países Baixos no final da década de 1980 e início da década de 1990. Inicialmente protegido por direitos de autor, o código fonte do Python é atualmente disponibilizado ao abrigo da GNU General Public License (GPL), seguindo uma abordagem semelhante à do Perl.

Embora uma equipa de desenvolvimento central do instituto mantenha agora o Python, Guido van Rossum continua a ser fundamental na orientação do seu desenvolvimento e progresso contínuos.

Características Python

O Python é fornecido com uma série de funcionalidades interessantes, incluindo:

1. Fácil de aprender: A simplicidade do Python resulta do seu número limitado de palavras-chave, da sua estrutura direta e da sua sintaxe bem definida, permitindo que os alunos compreendam a linguagem rapidamente.

2. Fácil de ler: O código Python é altamente legível e claro, tornando-o facilmente compreensível para os programadores e melhorando a manutenção do código.

3. Fácil de manter: O código fonte do Python é relativamente fácil de manter, reduzindo o esforço necessário para o desenvolvimento e actualizações contínuas.

4. Ampla Biblioteca Padrão: Python oferece uma biblioteca padrão abrangente que é portátil e compatível em várias plataformas, incluindo UNIX, Windows e Macintosh.

5. Modo interativo: O Python suporta o modo interativo, facilitando o teste e a depuração de fragmentos de código num ambiente interativo.

6. Portabilidade: Python exibe independência de plataforma, funcionando sem problemas numa vasta gama de plataformas de hardware, mantendo uma interface consistente.

7. Extensível: O Python permite a integração de módulos de baixo nível no interpretador, permitindo que os programadores melhorem ou personalizem as suas ferramentas para uma maior eficiência.

8. Suporte de bases de dados: Python fornece interfaces para as principais bases de dados comerciais, tornando-o compatível com diversos sistemas de armazenamento de dados.

9. Programação GUI: Python suporta a criação de aplicações de Interface Gráfica do Utilizador (GUI) que podem ser facilmente portadas para vários sistemas, incluindo Windows MFC, Macintosh e o sistema X Window da Unix.

10. Escalabilidade: Python oferece um suporte robusto para programas de grande escala, ultrapassando as capacidades dos scripts de shell em termos de estrutura e gestão.

Para além das características mencionadas anteriormente, Python possui uma extensa lista de vantagens, algumas das quais são descritas abaixo:

- Versatilidade: Python suporta uma gama diversificada de metodologias de programação, incluindo programação funcional, estruturada e orientada para objectos (OOP), oferecendo aos programadores flexibilidade na escolha da abordagem mais adequada.

• Scripting e Compilação: Python serve tanto como uma linguagem de scripting como pode ser compilada para byte-code, tornando-a versátil para construir aplicações de várias escalas e complexidade.

• Tipos de dados dinâmicos de alto nível: Python fornece tipos de dados dinâmicos de alto nível, simplificando as declarações de variáveis e suportando a verificação dinâmica de tipos, permitindo uma codificação mais eficiente e concisa.

• Coleção automática de lixo: Python lida com o gerenciamento de memória através da coleta automática de lixo, liberando os desenvolvedores das tarefas manuais de alocação e desalocação de memória.

• Integração perfeita: Python pode ser perfeitamente integrado com outras linguagens de programação e tecnologias, como C, C++, COM, ActiveX, CORBA e Java, expandindo as suas capacidades e potenciais aplicações.

Python - Configuração do ambiente

O Python é incrivelmente versátil e está amplamente disponível em várias plataformas, tornando-o acessível a programadores e utilizadores em vários sistemas operativos. Aqui estão os passos para configurar o seu ambiente Python:

1. Abra uma janela de terminal e escreva "python" para verificar se o Python já está instalado no seu sistema. Este comando também mostrará a versão do Python atualmente instalada.

O Python é compatível com uma vasta gama de plataformas, incluindo:

- Sistemas baseados em Unix: Isto inclui Solaris, Linux, FreeBSD, AIX, HP/UX, SunOS, IRIX, entre outros.
- Windows: Python suporta várias versões do Windows, incluindo 9x, NT e 2000.
- Macintosh: Funciona nas arquitecturas Intel e PowerPC (PPC).
- Outras plataformas: Python é adaptável a vários sistemas operativos, tais como

i.OS/2,

ii .DOS,

iii. PalmOS,

iv. Telemóveis Nokia,

v. Windows CE,

vi. Acorn/RISC OS,

vii. BeOS,

viii. Amiga,

ix. VMS/OpenVMS,

x. QNX,

xiVxWorks,

xii. Psion,

e mais.

- Java e .NET : Python foi também adaptado para utilização em ambientes virtuais Java e .NET, alargando ainda mais o seu alcance.

Independentemente da plataforma que estiver a utilizar, o Python pode ser convenientemente configurado e utilizado para as suas necessidades de desenvolvimento.

Obter Python

Para obter o código-fonte Python mais recente e atual, binários, documentação e notícias, pode visitar o sítio Web Python oficial em https://www.python.org/.

Se desejar aceder à documentação Python, pode descarregá-la a partir da seguinte ligação: https://www.python.org/doc/. A documentação é disponibilizada em formatos como HTML, PDF e PostScript, garantindo que os utilizadores têm várias opções para aceder a recursos e informações valiosos sobre Python.

Instalar o Python

A distribuição Python está disponível para uma gama diversificada de plataformas, oferecendo aos utilizadores uma forma conveniente de descarregar e instalar Python nos seus respectivos sistemas. Dependendo da disponibilidade do código binário para a sua plataforma, pode descarregar e instalar diretamente o binário ou compilar manualmente o código fonte utilizando um compilador C para uma maior flexibilidade na seleção das funcionalidades desejadas.

Aqui está um guia conciso para instalar o Python em diferentes plataformas:

Instalação Unix e Linux:

1. Abra um navegador Web e aceda a https://www.python.org/downloads/.
2. Descarregar o código fonte zipado adequado para Unix/Linux.
3. Extrair os ficheiros descarregados.
4. Personalize as opções, se necessário, editando o ficheiro Modules/Setup.
5. Executar o script './configure'.
6. Executar o comando 'make'.
7. Completar a instalação utilizando 'make install'.

Após a instalação, o Python estará disponível na localização padrão /usr/local/bin, e suas bibliotecas podem ser encontradas em /usr/local/lib/pythonXX, onde XX representa a versão do Python.

Instalação do Windows:

1. Abra um navegador da Web e visite https://www.python.org/downloads/.
2. Localize o ficheiro de instalação do Windows python-XYZ.msi, em que XYZ indica

a versão específica que pretende instalar.

3. Antes de utilizar o instalador, verifique se o seu sistema Windows suporta o Microsoft Installer 2.0. Guarde o ficheiro do instalador localmente e execute-o para verificar a compatibilidade.

4. Execute o ficheiro de instalação descarregado, iniciando o assistente de instalação Python, que oferece uma interface amigável. Basta aceitar as definições predefinidas, aguardar que a instalação termine e está tudo pronto.

Seguindo estes passos simples, pode facilmente instalar Python no seu respetivo sistema Unix/Linux ou Windows sem qualquer problema.

Instalação Macintosh

Os computadores Mac mais recentes vêm frequentemente com uma versão pré-instalada do Python, mas esta pode estar desactualizada. Se necessitar de obter a versão mais actualizada do Python, juntamente com ferramentas de desenvolvimento adicionais para Mac, pode consultar as instruções fornecidas em http://www.python.org/download/mac/. Para sistemas operativos Mac mais antigos, lançados antes do Mac OS X 10.3 (em 2003), pode optar pelo MacPython. Jack Jansen mantém esta versão e pode aceder à documentação completa no seu sítio Web: http://www.cwi.nl/~jack/macpython.htDL No seu sítio, encontrará detalhes completos de instalação para o Mac OS.

Assim, quer tenha um Mac recente ou um mais antigo, existem formas de obter a versão mais recente do Python e as ferramentas de desenvolvimento necessárias para uma experiência Python suave e eficiente na sua plataforma Mac.

Configurar o PATH

Nos sistemas operativos, os programas e ficheiros executáveis podem existir em vários directórios. Para facilitar a procura destes executáveis, o sistema operativo utiliza um caminho de pesquisa, que é uma lista de directórios que procura quando procura executáveis.

Este caminho de pesquisa é armazenado como uma variável de ambiente, que é uma cadeia de caracteres nomeada gerida pelo sistema operativo. Essa variável contém informações essenciais acessíveis ao shell de comando e a outros programas.

Nos sistemas Unix, a variável de caminho é conhecida como PATH, enquanto que no Windows é chamada Path (o Unix é sensível a maiúsculas e minúsculas, enquanto que o Windows não é).

No caso do Mac OS, o instalador encarrega-se da configuração do caminho. Para utilizar o interpretador Python a partir de qualquer diretório, deve adicionar o diretório Python ao seu caminho. Isto permite-lhe executar comandos Python de forma conveniente, independentemente do seu diretório de trabalho atual.

Definir caminho no Unix/Linux

Para incluir o diretório Python no caminho para uma sessão específica em Unix, pode seguir estes passos com base no seu tipo de shell:

Para a shell csh:

1. Digite ` setenv PATH "$PATH:/usr/local/bin/python"' e pressione Enter.

Para a shell bash (Linux):

1. Escreva 'export PATH="$PATH:/usr/local/bin/python"' e prima Enter.

Para a shell sh ou ksh:

1. Escreva 'PATH="$PATH:/usr/local/bin/python"' e prima Enter.

Note que 7usrdocal/bin/pythoh representa o caminho para o diretório Python que pretende adicionar ao caminho. Ao executar estas acções, garante que o interpretador Python pode ser acedido a partir de qualquer diretório durante a sua sessão atual no Unix.

Para configurar o caminho do diretório Python para uma sessão específica no Windows, siga estes passos:

1.   Abrir a linha de comandos.

2. Escreva 'path %path%;C:\Python e prima Enter.

Note que 'C:\Python' representa o caminho para o diretório Python que pretende adicionar ao caminho.

Variáveis de ambiente Python:

Python também reconhece diversas variáveis de ambiente essenciais, que são as seguintes:

s.No	Description for variables
1	PYTHONPATH: Similar to the system's PATH variable, PYTHONPATH specifies the directories where the Python interpreter should look for module files used in a program. It should include the Python source library directory and any other directories containing Python source code. PYTHONPATH is sometimes configured automatically during Python installation.
2	PYTHONSTARTUP: This variable points to the location of an initialization file containing Python source code. Whenever you start the Python interpreter, it executes this file, allowing you to set up specific configurations or load utility functions. In Unix systems, the file is typically named .pythonrc.py and may contain commands that modify PYTHONPATH or load useful modules.
3	PYTHONCASEOK: This variable is specific to Windows. When set to any value, it instructs the Python interpreter to perform a case-insensitive search for the first matching module in an import statement. This can be useful when dealing with modules that have varying capitalization in their names.
4	PYTHONHOME:
	PYTHONHOME provides an alternative module search path. It is often utilized within the PYTHONSTARTUP or PYTHONPATH directories, offering a convenient way to switch between different module libraries or Python installations.

Estas variáveis oferecem flexibilidade e opções de personalização para o comportamento dos interpretadores Python, permitindo aos utilizadores adaptarem o ambiente às suas necessidades específicas.

Executar Python

O Python pode ser iniciado de três formas diferentes:

1. Intérprete interativo:

- Pode iniciar o Python a partir do Unix, DOS, ou qualquer outro sistema que ofereça um interpretador de linha de comandos ou uma janela shell.

- Basta introduzir "python" na linha de comando para invocar o interpretador interativo.

- Uma vez iniciado, pode começar imediatamente a codificar e a executar comandos Python de forma interactiva.

- Exemplos de como iniciar o interpretador interativo em diferentes sistemas:

  - Unix/Linux: '$python' ou 'python%'

  - Windows/DOS: 'C:> python'

O interpretador interativo oferece uma forma conveniente de experimentar o código Python, permitindo-lhe testar pequenos trechos de código e receber feedback imediato sobre os resultados.

Python também fornece várias opções de linha de comando para personalização e funcionalidades específicas. Abaixo encontra-se uma lista das opções de linha de comandos disponíveis:

s.No	command-line options & description

1	. -d: Enables debug output
2	-O: Generates optimized bytecode, resulting in .pyo files.
3	-S: Prevents the execution of "import site" to search for Python paths during startup.
4	-v: Provides verbose output, including detailed trace on import statements.
5	-X: Obsolete option starting with version 1.6, which disabled class-based built-in exceptions (use strings instead).
6	-c cmd: Allows you to run a Python script provided as a command string.
7	File: Runs a Python script from the given file.

Ao utilizar estas opções de linha de comandos, tem a flexibilidade de personalizar o comportamento do Python e realizar tarefas específicas ao executar scripts Python ou ao interagir com o interpretador.

Para executar um script Python a partir da linha de comandos, pode invocar o interpretador Python seguido do nome do seu script, como mostrado nos exemplos seguintes:

Unix/Linux:

```
$ python script.py
```

or

```
python% script.py
```

Windows/DOS:

```
C:> python script.py
```

Certifique-se de que o modo de permissão do ficheiro permite a execução para que o script seja executado com êxito. Ao executar scripts Python a partir da linha de comandos, pode automatizar tarefas e efetuar várias operações de forma eficiente.

O Python também pode ser executado a partir de um ambiente de Interface Gráfica do Utilizador (GUI), desde que tenha uma aplicação GUI que suporte Python no seu sistema:

• Unix: IDLE, o primeiro IDE Unix para Python, está disponível para uso.

• Windows: PythonWin serve como a primeira interface Windows para Python e funciona como um IDE baseado em GUI.

• Macintosh: A versão do Python para Macintosh, juntamente com o IDE IDLE, pode ser descarregada a partir do website principal em ficheiros MacBinary ou BinHex'd.

Se tiver dificuldades em configurar corretamente o ambiente Python, pode pedir ajuda ao seu administrador de sistema para garantir uma configuração perfeita. É crucial garantir que o ambiente Python está corretamente configurado e a funcionar da melhor forma.

Vale a pena notar que os exemplos fornecidos nos capítulos subsequentes foram executados utilizando a versão Python 2.4.3 disponível na variante CentOS do Linux

Para sua conveniência, criámos um ambiente de programação Python online, que lhe permite executar todos os exemplos disponíveis online enquanto aprende a teoria. É possível modificar qualquer exemplo e executá-lo diretamente através do ambiente em linha. Isto facilita a experiência de aprendizagem sem a necessidade de instalação local

PANDA

Pandas é uma biblioteca Python de código aberto e licenciada pela BSD. Oferece estruturas de dados de elevado desempenho e ferramentas de análise de dados de fácil utilização para a linguagem de programação Python. Com a combinação de Python e Pandas, um vasto espetro de indústrias, tanto académicas como comerciais, beneficia das suas funcionalidades, incluindo finanças, economia, estatística, análise e muito mais.

Vamos explorar os diversos recursos do Python Pandas e entender como aplicá-los efetivamente em cenários do mundo real. No final deste tutorial, você estará equipado com o conhecimento para aproveitar o poder do Pandas para manipulação e análise de dados em vários domínios.

Público

Este curso foi concebido para pessoas interessadas em adquirir uma sólida compreensão dos fundamentos e das várias funcionalidades do Pandas. É particularmente benéfico para aqueles envolvidos em tarefas de limpeza e análise de dados. No final deste tutorial, terá adquirido um nível moderado de experiência em Pandas, fornecendo uma base sólida para avançar as suas competências para níveis mais elevados. Quer seja um principiante ou tenha alguma experiência prévia com o Pandas, este tutorial ajudá-lo-á a melhorar o seu conhecimento e proficiência no tratamento de dados utilizando o Pandas de forma eficaz.

Pré-requisitos:

Para tirar o máximo partido deste tutorial, recomenda-se que tenha um conhecimento básico das terminologias de programação informática. Se tiver conhecimentos de qualquer linguagem de programação, será vantajoso. Vale a pena notar que a biblioteca Pandas utiliza extensivamente as funcionalidades do NumPy. Por isso, sugerimos que consulte o nosso tutorial sobre o NumPy antes de prosseguir com este tutorial sobre o Pandas. Pode aceder ao tutorial do NumPy em [URL].

Introdução aos Pandas:

Pandas é uma biblioteca Python de código aberto que fornece ferramentas poderosas de manipulação e análise de dados através das suas estruturas de dados avançadas. O nome "Pandas" tem origem em "Panel Data", um termo em Econometria que se refere a dados multidimensionais.

Em 2008, o programador Wes McKinney iniciou o desenvolvimento do Pandas quando necessitou de uma ferramenta flexível e de elevado desempenho para a análise de dados. Antes do Pandas, o Python era utilizado principalmente para a manipulação e preparação de dados, com contribuições limitadas para a análise de dados. O Pandas resolveu efetivamente esta limitação. Permite-nos executar cinco passos típicos no processamento e análise de dados, independentemente da fonte dos dados: carregar, preparar, manipular, modelar e analisar.

Python com Pandas encontra aplicações numa vasta gama de domínios, incluindo o meio académico e vários sectores comerciais, como finanças, economia, estatística, análise e muito mais.

Características dos pandas

O Pandas oferece uma vasta gama de funcionalidades, incluindo:

• Objeto DataFrame que é rápido e eficiente, com indexação predefinida e personalizada.

• Ferramentas para importar sem esforço dados de vários formatos de ficheiro para estruturas de dados na memória.

• Alinhamento de dados e gestão integrada de dados em falta para manter a integridade dos dados.

• Capacidade de reformular e dinamizar conjuntos de dados para uma análise conveniente.

• Corte, indexação e subconjunto de grandes conjuntos de dados com base em etiquetas para facilitar o acesso.

• Flexibilidade para eliminar ou inserir colunas numa estrutura de dados, conforme necessário.

• Agrupamento de dados para agregação e transformações para simplificar a análise de dados.

• Fusão e junção de dados a alta velocidade a partir de diferentes fontes.

• Funcionalidade de séries temporais para uma análise eficaz de dados baseados no tempo.

É essencial notar que a distribuição padrão do Python não inclui o módulo Pandas por defeito. Se desejar utilizar o Pandas, terá de o instalar separadamente para tirar partido das suas poderosas ferramentas de manipulação e análise de dados.

NumPy

NumPy, abreviatura de Numerical Python, é uma biblioteca poderosa que inclui objectos de matrizes multidimensionais, bem como um conjunto de algoritmos para lidar com essas matrizes. Com o NumPy, os programadores podem efetuar operações matemáticas e lógicas em arrays de forma eficiente. Este tutorial abrange os fundamentos do NumPy, incluindo sua arquitetura e ambiente, bem como funções de matriz, métodos de indexação e muito mais. Além disso, é fornecida uma introdução ao Matplotlib, demonstrada através de exemplos para melhorar a compreensão.

Público:

Este tutorial foi concebido para pessoas interessadas em aprender os conceitos básicos e as inúmeras funcionalidades do NumPy. É especialmente valioso para programadores de algoritmos. Após a conclusão deste tutorial, atingirá um nível moderado de conhecimentos, lançando as bases para um maior avanço.

Pré-requisitos:

Sugere-se que tenha uma familiaridade básica com os termos de programação informática. É preferível ter conhecimentos de Python e de outras linguagens de programação.

Origem e operações com NumPy:

O NumPy evoluiu a partir do Numeric, desenvolvido por Jim Hugunin, e do Numarray, que incorporou funcionalidades adicionais. Em 2005, Travis Oliphant fundiu o Numarray com o Numeric, criando o pacote NumPy. Numerosos contribuidores foram fundamentais na formação deste tópico de código aberto.

Com o NumPy, os programadores podem efetuar uma série de operações, incluindo procedimentos matemáticos e lógicos de matriz, transformadas de Fourier, rotinas de manipulação de formas e funções relacionadas com álgebra linear e geração de números aleatórios.

Instalação e utilização:

O NumPy não está incluído na distribuição padrão do Python. Você pode instalá-lo usando o popular instalador de pacotes Python, pip, com o seguinte comando:

```
pip install numpy
```

Para obter o melhor desempenho, considere a instalação de um pacote binário que possa ser instalado à medida do seu sistema operativo, que inclua a pilha SciPy completa, englobando Para além do Python básico, inclui os pacotes NumPy, SciPy, matplotlib, IPython, SymPy e nose.

CAPÍTULO 8 : RESULTADO E ANÁLISE

Os seguintes dados foram recolhidos do sítio Web www.kaggle.com

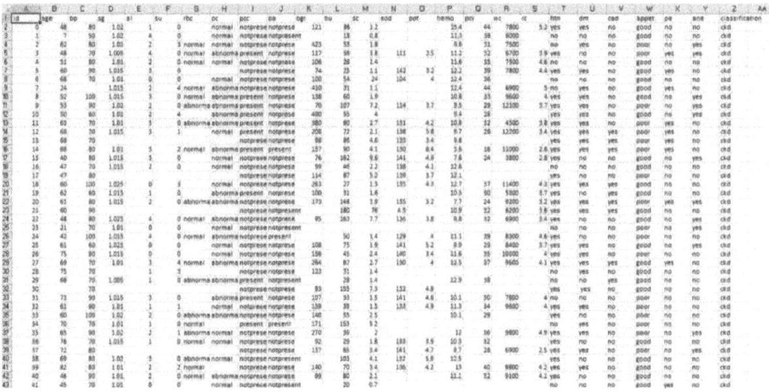

id	age	bp	sg	al	su	rbc	pc	pcc	ba	bgr	bu	sc	sod	pot	hemo	pcv	wc	rc	htn	dm	cad	appet	pe	ane	classification
0	48	80	1.02	1	0		normal	notpresent	notpresent	121	36	1.2			15.4	44	7800	5.2	yes	yes	no	good	no	no	ckd
1	7	50	1.02	4	0		normal	notpresent	notpresent		18	0.8			11.3	38	6000		no	no	no	good	no	no	ckd
2	62	80	1.01	2	3	normal	normal	notpresent	notpresent	423	53	1.8			9.6	31	7500		no	yes	no	poor	no	yes	ckd
3	48	70	1.005	4	0	normal	abnormal	present	notpresent	117	56	1.8	111	2.5	11.2	32	6700	3.9	yes	no	no	poor	yes	yes	ckd
4	51	80	1.01	2	0	normal	normal	notpresent	notpresent	106	26	1.4			11.6	35	7300	4.6	no	no	no	good	no	no	ckd
5	60	90	1.015	3	0			notpresent	notpresent	74	25	1.1	142	3.2	12.2	39	7800	4.4	yes	yes	no	good	yes	no	ckd
6	68	70	1.01	0	0		normal	notpresent	notpresent	100	54	24	104	4	12.4	36			no	no	no	good	no	no	ckd
7	24		1.015	2	4	normal	abnormal	notpresent	notpresent	410	31	1.1			12.4	44	6900	5	no	yes	no	good	yes	no	ckd
8	52	100	1.015	3	0	normal	abnormal	present	notpresent	138	60	1.9			10.8	33	9600	4	yes	yes	no	good	no	yes	ckd
9	53	90	1.02	2	0	abnormal	abnormal	present	notpresent	70	107	7.2	114	3.7	9.5	29	12100	3.7	yes	yes	no	poor	no	yes	ckd
10	50	60	1.01	2	4		abnormal	present	notpresent	490	55	4			9.4	28			yes	yes	no	good	no	yes	ckd
11	63	70	1.01	3	0	abnormal	abnormal	present	notpresent	380	60	2.7	131	4.2	10.8	32	4500	3.8	yes	yes	no	poor	yes	no	ckd
12	68	70	1.015	3	1		normal	present	notpresent	208	72	2.1	138	5.8	9.7	28	12200	3.4	yes	yes	yes	poor	yes	no	ckd
13	68	70						notpresent	notpresent	98	86	4.6	135	3.4	9.8				yes	yes	yes	poor	yes	no	ckd
14	68	80	1.01	3	2	normal	abnormal	present	present	157	90	4.1	130	8.4	5.6	18	11000	2.6	yes	yes	yes	poor	yes	no	ckd
15	40	80	1.015	3	0		normal	notpresent	notpresent	76	162	9.6	141	4.9	7.6	24	3800	2.8	yes	no	no	good	no	yes	ckd
16	47	70	1.015	2	0		normal	notpresent	notpresent	99	46	2.2	138	4.1	12.6				no	no	no	good	no	no	ckd
17	47	80						notpresent	notpresent	114	87	5.2	139	3.7	12.1				yes	no	no	poor	no	no	ckd
18	60	100	1.025	0	3		normal	notpresent	notpresent	263	27	1.3	135	4.3	12.7	37	11400	4.3	yes	yes	yes	good	no	no	ckd
19	62	80	1.015	1	0		abnormal	present	notpresent	100	31	1.6			10.3	30	5300	3.7	yes	no	yes	good	no	no	ckd
20	61	80	1.015	2	0	abnormal	abnormal	notpresent	notpresent	173	148	1.9	155	3.2	7.7	24	9200	3.2	yes	yes	yes	poor	yes	yes	ckd
21	60	90						notpresent	notpresent	180	76	4.5			10.9	32	6200	3.8	yes	yes	yes	good	no	no	ckd
22	48	80	1.025	4	0	normal	abnormal	notpresent	notpresent	95	163	7.7	136	3.8	9.8	32	6900	3.4	yes	no	no	good	no	yes	ckd
23	21	70	1.01	0	0		normal	notpresent	notpresent										no	no	no	poor	no	yes	ckd
24	42	100	1.015	4	0	normal	abnormal	notpresent	present		50	1.4	129	4	11.1	39	8300	4.6	yes	no	no	poor	no	no	ckd
25	61	60	1.025	0	0		normal	notpresent	notpresent	108	75	1.9	141	3.2	8.9	29	8400	3.7	yes	yes	no	good	no	yes	ckd
26	75	80	1.015	0	0		normal	notpresent	notpresent	158	45	2.4	140	3.4	11.6	35	10000	4	yes	no	no	poor	no	no	ckd
27	69	70	1.01	3	4	normal	abnormal	notpresent	notpresent	264	87	2.7	130	4	12.5	37	9600	4.1	yes	no	no	good	no	no	ckd
28	75	70						notpresent	notpresent	123	31	1.4							no	no	yes	good	no	no	ckd
29	68	70	1.005	1	0		abnormal	present	notpresent		28	1.4			12.9	38			no	no	yes	good	no	no	ckd
30	30	70						notpresent	notpresent	93	155	7.3	132	4.9					yes	yes	no	good	no	no	ckd
31	73	90	1.015	3	0		abnormal	present	notpresent	107	33	1.5	141	4.6	10.1	30	7800	4	no	no	no	poor	no	no	ckd
32	61	90	1.01	1	1		normal	notpresent	notpresent	139	39	1.3	131	4.9	11.3	34	9600	4	yes	no	no	poor	no	no	ckd
33	60	100	1.02	2	0	abnormal	abnormal	notpresent	notpresent	140	55	2.5			10.1	29			yes	no	no	poor	no	no	ckd
34	70	70	1.01	1	0		normal	present	present	171	153	5.2							no	no	no	poor	no	no	ckd
35	65	90	1.02	2	1	abnormal	normal	notpresent	notpresent	270	36	2			12		9800	4.9	yes	yes	no	poor	no	yes	ckd
36	76	70	1.015	1	0		normal	notpresent	notpresent	92	29	1.8	133	3.9	10.3	32			no	no	no	good	no	no	ckd
37	72	80						notpresent	notpresent	137	65	3.4	141	4.7	9.7	28	6900	2.5	yes	yes	yes	poor	no	yes	ckd
38	69	80	1.02	3	0	abnormal	normal	notpresent	notpresent		103	4.1	132	5.8	12.5				yes	no	no	good	no	no	ckd
39	82	80	1.01	2	2	normal	normal	notpresent	notpresent	140	70	3.4	136	4.2	13	40	9800	4.2	yes	yes	no	good	no	no	ckd
40	46	90	1.01	2	0	normal	abnormal	notpresent	notpresent	99	80	2.1			11.1	32	9100	4.2	yes	no	no	good	no	no	ckd
41	45	70	1.01	0	0		normal	notpresent	notpresent		20	0.7							no	no	no	good	yes	no	ckd

Depois de efetuar o código, foram feitas as seguintes observações em termos comparativos

Exatidão:

É uma métrica que geralmente mostra o desempenho do modelo em todos os grupos. É preferível atribuir o mesmo peso a todas as classificações. É calculada dividindo o número de profecias correctas pelo número bruto de profecias.

Utilizando o algoritmo CNN, a doença renal crónica pode ser prevista com 89% de precisão.

Depois de utilizar o algoritmo RNN, podemos melhorá-lo até 92-93%.

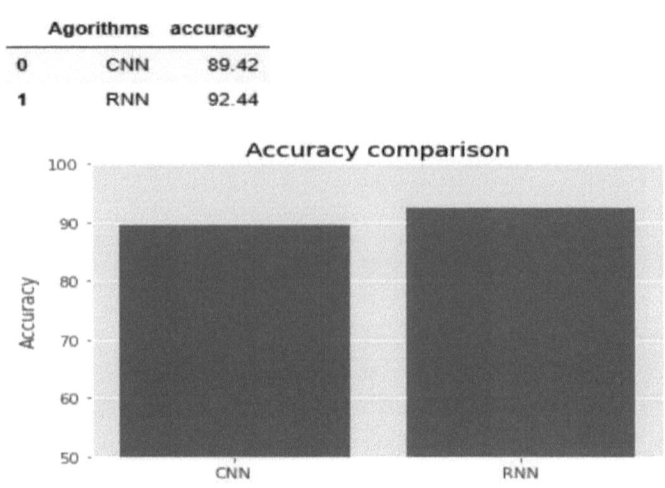

Figura 8.1: gráfico entre a precisão da CNN e da RNN

Precisão e recuperação:

A determinação da precisão é efectuada através do cálculo do rácio entre as amostras positivas classificadas de forma válida e o número bruto de amostras classificadas como +ve, independentemente da exatidão da classificação. Quantifica a eficácia do algoritmo na classificação exacta das amostras como positivas.

Para calcular a recuperação, para obter o rácio, o número de amostras positivas classificadas corretamente é dividido pelo número total de amostras positivas. A recuperação do algoritmo determina a sua capacidade de distinguir amostras positivas. Uma recuperação mais elevada indica uma maior capacidade de identificar amostras positivas...

Ao utilizar o algoritmo RNN, a precisão e a recuperação da imagem melhoraram em comparação com o algoritmo existente.

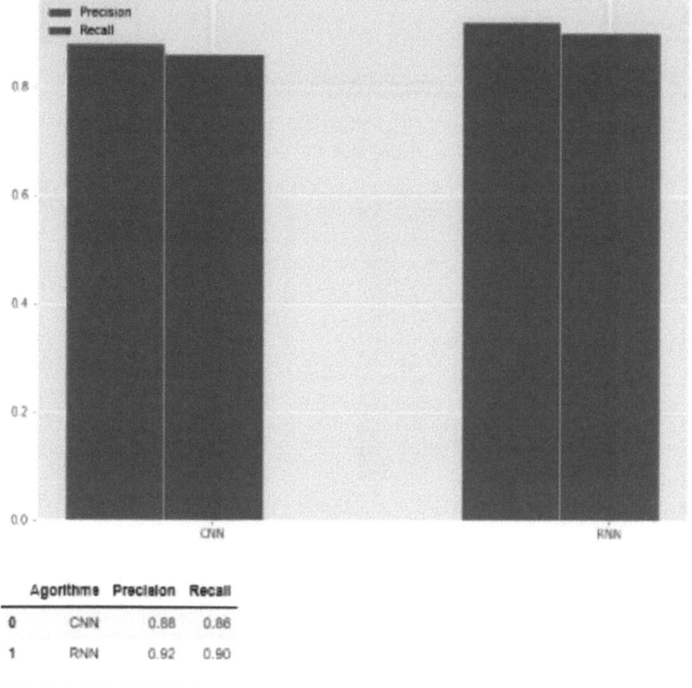

Agorithms	Precision	Recall
0	CNN	0.88	0.86
1	RNN	0.92	0.90

Figura 8.2: gráfico entre a precisão e o Recall da CNN e da RNN

Pontuação F1:

É uma combinação estatística da exatidão e da recuperação. É normalmente referida como a média harmónica dos dois. A média harmónica é apenas outra abordagem para calcular uma "média" de números e é normalmente considerada mais adequada para rácios (como a precisão e a recuperação) do que a média aritmética padrão

Ao utilizar o algoritmo RNN, a pontuação f1 da imagem melhorou em comparação com o algoritmo existente

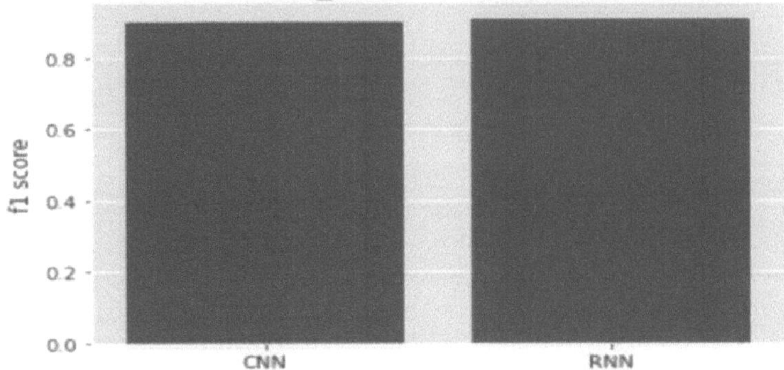

Figura 8.3: gráfico entre CNN e RNN F1-score

Quadro de resultados :

Tabela:1 Comparação entre os algoritmos CNN e RNN

S,No	Algorithm	Accuracy	Precision	Recall	F1-score
1	**CNN**	89.42	0.88	0.86	0.90
2	**RNN**	92.44	0.90	0.92	0.92

CAPÍTULO 9 : CONCLUSÃO

Nesta investigação, investigámos dois métodos alternativos de aprendizagem profunda. Examinámos 14 variáveis distintas de doentes com DRC e a precisão de tópicos para vários métodos de aprendizagem profunda, como a CNN e a RNN. De acordo com a análise dos resultados, a RNN supera a CNN. As vantagens desta estratégia são o facto de o processo de previsão ser mais rápido. Permitirá aos médicos iniciar mais cedo a terapia para os doentes com DRC e diagnosticar mais doentes num período de tempo mais curto. A limitação deste estudo é o facto de a força dos dados não ser maior devido à pequena dimensão da recolha de dados e aos valores dos atributos em falta.

9.1 Âmbito futuro

No futuro, a mesma abordagem e muitos outros algoritmos de classificação de aprendizagem profunda podem ser considerados para comparar o mais exato. Esta abordagem também pode ser utilizada noutros conjuntos de dados médicos e de doenças.

REFERÊNCIAS

[1] KhadiimeJhumka "Previsão da doença renal crónica utilizando uma rede neural profunda" IEEE 2022

[2] Shamima Akter "Avaliação exaustiva do desempenho de modelos de aprendizagem profunda na previsão precoce e identificação do risco de doença renal crónica" IEEE 2022

[3] Israa Alnazer "Inquérito de Avaliação da Função Renal: Inteligência Artificial para a Próxima Década?" IEEE 2022

[4] Shahinda Mohamed Mostafa Elkholy "Early Prediction of Chronic Kidney Disease Using Deep Belief Network" IEEE 2022

[5] Sweety Kumari "An ensemble learning-based model for effective chronic kidney disease prediction" IEEE 2022

[6] Hussein Abbass, "Classification Rule Discovery with Ant Colony Optimization", artigo da Research Gate, 2004.

[7] Mohammed Deriche, "Feature Selection using Ant Colony Optimization", Conferência Internacional sobre Sistemas, Sinais e Dispositivos, 2009.

[8] X. Yu e T. Zhang, "Convergence and runtime of an Ant Colony Optimization", Information Technology Journal 8(3) ISSN 1812- 5638, 2009.

[9] David Martens, Manu De Backer, Raf Haesen, "Classification with Ant Colony Optimization", IEEE Transactions on evolutionary computation, Vol.11, No.5, 2010.

[10] Vivekanand Jha, "Chronic Kidney Disease Global Dimension and Perspectives",

Lancet, National Library of Medicine, 2013.

[11]   Kai-Cheng Hu, "Multiple Pheromone table based on Ant Colony Optimization for Clustering", Hindawi, Research article, 2015.

[12]   Guneet Kaur, "Predict Chronic Kidney Disease using Data Mining in Hadoop, Conferência Internacional sobre Computação Inventiva e Informática, 2017.

[13]   Siddeshwar Tekale, "Prediction of Chronic Kidney Disease Using Machine Learning, Revista Internacional de Investigação Avançada em Engenharia Informática e de Comunicações, 2018.

[14]   Baisakhi Chakraborty, "Development of Chronic Kidney Disease Prediction Using Machine Learning", Conferência Internacional sobre Tecnologias Inteligentes de Comunicação de Dados, 2019.

[15]   J. Snegha, "Chronic Kidney Disease Prediction using Data Mining", Conferência Internacional sobre Tendências Emergentes, 2020.

I want morebooks!

Buy your books fast and straightforward online - at one of world's fastest growing online book stores! Environmentally sound due to Print-on-Demand technologies.

Buy your books online at
www.morebooks.shop

Compre os seus livros mais rápido e diretamente na internet, em uma das livrarias on-line com o maior crescimento no mundo! Produção que protege o meio ambiente através das tecnologias de impressão sob demanda.

Compre os seus livros on-line em
www.morebooks.shop

Printed by Books on Demand GmbH, Norderstedt / Germany